国家林业和草原局普通高等教育“十四五”规划教材

家具数字化加工技术

（装饰图案与数控雕刻）

陈　年　编著

FURNITURE
DIGITAL PROCESSING
TECHNOLOGY

中国林业出版社
China Forestry Publishing House

图书在版编目（CIP）数据

家具数字化加工技术 / 陈年编著. —北京：中国林业出版社，2021.12

（装饰图案与数控雕刻）

国家林业和草原局职业教育“十四五”规划教材

ISBN 978-7-5219-1433-7

Ⅰ.①家… Ⅱ.①陈… Ⅲ.①家具–生产工艺–数字化–高等职业教育–教材 Ⅳ.①TS664.05-39

中国版本图书馆CIP数据核字（2021）第248664号

中国林业出版社·教育分社

策划编辑：田 苗　　**责任编辑**：田 苗 赵旖旎

电 话：83143529　　**传 真**：83143516

出版发行 中国林业出版社（100009 北京市西城区刘海胡同7号）

E-mail：jiaocaipublic@163.com

http://www.forestry.gov.cn/lycb.html

印 刷 北京中科印刷有限公司

版 次 2021年12月第1版

印 次 2021年12月第1次印刷

开 本 787mm × 1092mm 1/16

印 张 9

字 数 203千字

定 价 45.00元

前言

精心研读我国历史，中华民族历来以勤劳智慧、富有创新精神著称，奉行“匠心”之道。从技艺精湛的鲁班，到“游刃有余”的庖丁，中华文明五千年历史孕育了伟大的工匠精神。工匠精神，是职业道德、职业能力、职业品质的集中体现，是追求卓越的创造精神、精益求精的品质精神、用户至上的服务精神，是从业者的一种职业价值取向和行为表现，更是社会文明进步的重要尺度。

本教材编写的重要理念之一，就是让学生通过对相关课程的学习和教材知识、精神内涵的理解，将价值塑造、知识培养和能力构建三者融为一体，在学习知识、练就本领的同时体悟工匠精神。

中国家具行业历经多年发展，取得了举世瞩目的成就，但在整个制造业向高端转型的过程中，由于产品品类和制造材料的多样性等因素制约，实现快速转型升级的难度很大，急需培养和补充专门的高端人才。本教材介绍的家具数字化加工技术中的数控雕刻，就是我国家具行业从传统劳动密集型生产制造方式向机械化、智能化、数字化高端转型的一个开端。

随着行业发展对数控雕刻技术人才需求的快速增加，许多职业院校和普通高等院校都开设了相关课程，但一直少有适合的教材。本书是主编通过多年个人自学、实践、拜师学习、教学过程中的不断探索积累，倾力打造的一本教材，力求填补这一课程教材、教学资料短缺的现状。教材中的案例和知识内容，都是编者多年实践和教学的成果积累，通俗易懂，既适合开设有家具设计与制造相关专业专业院校教学之用，也适合个人自学，以及作为从业人员的技能培训和参考用书。

全书由江西环境工程职业学院陈年编著，并负责全书规划统稿，书中案例全部是陈年多年教学成果；广西生态工程职业技术学院龙大军老师、湖北生态工程职业技术学院贺辉老师、黑龙江林业职业技术学院孙丙虎老师等参与部分撰写并给予中肯意见。江西美和家居有限公司钟鑫工程师参与第二部分模块六及课程部分教学视频录制。相关视频课程已经在智慧职教、超星学习通平台上线。

精雕细琢出珍品，勤学苦练做真人。成花成树非一日之功，精雕细琢乃恒所至。希望同学们发扬工匠精神，勤劳、谦虚、有礼、苦练，雕琢岁月、打磨时光，在岁月时光中坚持、专注，修炼自己拥有健康的、高贵的、受社会所尊重的一生。

陈　年

2021 年 5 月

前言

目录

第一部分

家具雕刻装饰图案

学习目标：

熟悉家具雕刻图案的种类，了解家具雕刻图案是实木（红木）家具装饰的一个重要部分。

学习任务：

收集家具雕刻装饰图案，分类整理。

模块一 家具上的雕刻演变历史

学习目标：

熟悉我国木家具的演变历史，特别是雕刻图案在家具中的出现。

学习任务：

收集家具资料，根据不同时代特点进行分类整理。

这里所讲的家具雕刻演变历史，主要是指中国传统家具的雕刻演变历史。中国传统家具的雕刻演变，是伴随着中国传统家具的发展而发展的，雕刻作为附着在家具上的装饰符号，除起到装饰作用，更发挥着文化象征和传承的重要作用。

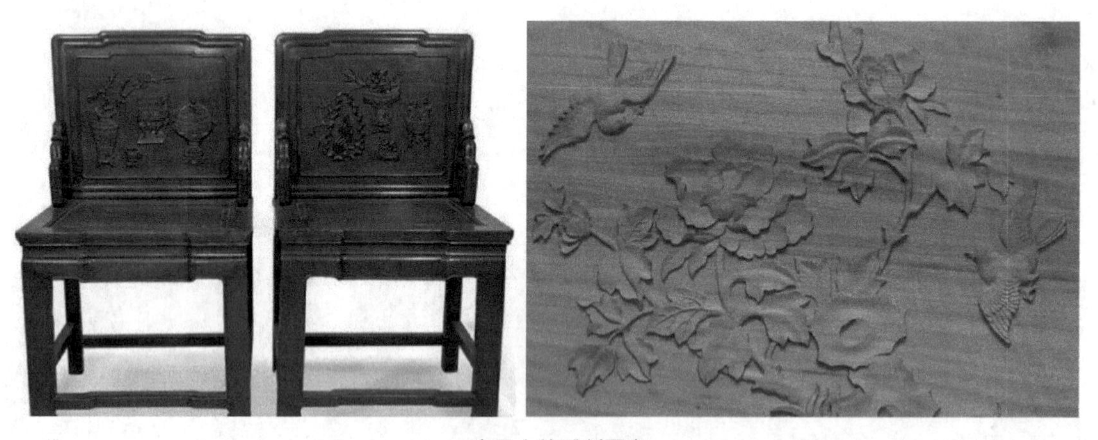

家具上的雕刻图案

中国家具，本身就是中国历史文化的载体，不同的历史时期，家具种类、设计风格、制作方法及结构都不一样，其随着社会经济的发展、人们生活水平生活方式的改变而改变，也可以说是进化。

中国家具起源很早，可追溯到夏、商、周时期，此时的家具特点是神秘威严。商朝是我国青铜工艺发达的极盛时期，当时将铜锡合金制成兵器、礼器、生产工具、生活用具和工艺品等，创造了灿烂的青铜文化，其中很多用具已具有木器家具的雏形。至汉代，人们的坐姿逐渐由原来席地坐、跪坐进入到垂足坐。当时家具比较低矮、简陋，从西晋起至南北朝跪坐礼节逐渐淡薄，趋向于垂足高坐，在南北朝就有高形坐具如凳、筌蹄等相继出现。唐以后更出现了高形的桌、椅、屏风等家具，这些家具经五代至宋逐渐成型，形成了正襟危坐之中国礼节文化。

商·俎（一种用于奴隶主和贵族们在祭祀时置放宰屠牛羊的器具）

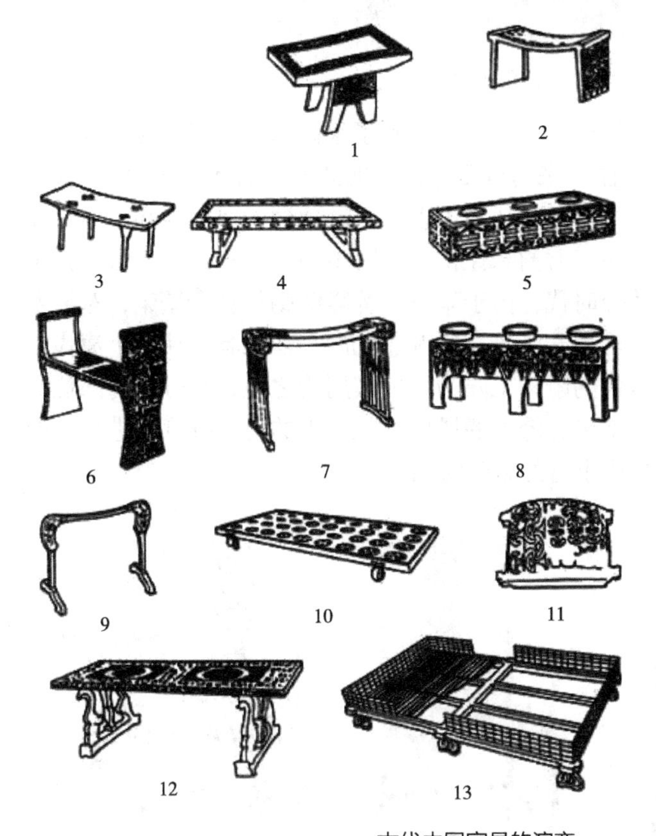

1. 漆俎（河南信阳）
2. 铜俎（陕西）
3. 铜俎（安徽寿县）
4. 漆案（长沙刘城桥楚墓）
5. 铜禁（陕西宝鸡台周墓）
6. 漆几（随县曾候乙墓）
7. 雕花几（信阳楚墓）
8. 铜（安阳妇好墓）
9. 漆凭几（长沙楚墓）
10. 彩绘大食案（信阳楚墓）
11. 衣箱（随县曾侯乙墓）
12. 彩绘书案（随县曾侯乙墓）
13. 彩绘大床（信阳楚墓）

古代中国家具的演变

夏、商、周时期家具

战国时期家具

至明朝，中国家具无论设计性还是艺术性都达到了很高水平。丰富多彩的明式家具在我国家具史上起着承前启后、继往开来的重要作用。明式家具种类之齐全、功能之完备、尺寸之合理、设计造型之完美、结构之精巧，可以说以其独到的风格，高尚的品味，精湛的工艺和沉、穆、凝、重、华、妍、秀韵味让世人赞叹不绝，一直流传于世。到了清代康雍乾鼎盛时期，清代家具进入黄金时代，由于雍正、乾隆两朝的社会繁荣，对艺术品的追求尤喜创新，皇室制造了许多装饰工艺豪华、气派非凡的宫廷家具，使整个清代的中国家具趋向于华丽、繁缛的风格。清代的雕刻工匠为发挥其用武之地，在合适的部位周密地设计雕琢，已将明式家具的简洁、空灵、舒适的风格，从艺术的另一维度上进行大变革，进入到一个特别注重材美工良，装饰丰富的繁荣时期。

明式家具

清代家具

清代雕刻繁复的宝座

我们现在看到的很多仿古红木家具中，雕刻图案都直接或稍有改动地选用中国古典家具中的图案，即明清时期及其之前的家具雕刻图案。

家具的雕刻装饰艺术，源远流长，与中国的古典竹、木、牙、角器雕刻艺术一脉相承，是在中国几千年的文化艺术史中受商周青铜器、春秋玉器、唐宋陶瓷器等雕刻艺术品的熏陶影响，吸纳其精神文化，体现在家具装饰效果上的升华结晶。如明清家具的夔（kuí）龙纹、拐子纹、饕（tāo）餮（tiè）纹、乳钉纹、勾纹、回纹等皆为商周青铜器常见的纹饰。浮透雕、圆雕、阴阳线纹、博古铲槽、双线勾纹、阴阳向背之花朵纹、谷纹、

竹、木、牙、角器雕刻艺术品

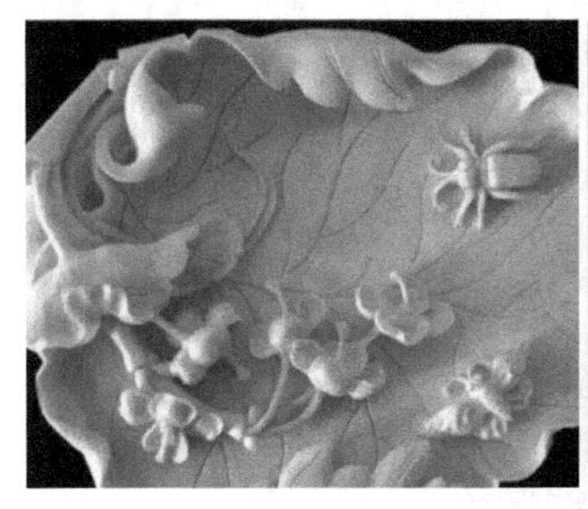

竹、木、牙、角器雕刻艺术品

玉璧纹等显而易见为春秋战国之玉器雕琢工艺手法。此外，许多中国古文化的优良传统题材，以及纹饰、手法皆能在明清家具上体现。中国家具的制作程序划分为制作、雕刻、打磨、髹（xiū）漆，分工严谨，工匠各施其技，各臻其美，相互间又和谐统一。

夔龙纹

家具上雕刻夔龙纹、拐子纹、饕餮纹

家具的雕刻装饰作用，与家具的造型和结构取得了珠联璧合、相得益彰的效果，体现了家具的卓越成就和优秀艺术水平。雕刻在装饰手法中居首要地位，元代以前的家具都是以实用为主。明清以后，家具的功能除了注重实用性外，更重要的是注重家具的装饰文化内涵（雕刻图案寓意）。

家具上的雕刻图案

模块二 家具雕刻工具

学习目标：

熟悉家具雕刻工具种类，手工工具的使用。

学习任务：

收集手工雕刻工具，分类整理；了解雕刻木材。

古典家具中的雕刻，是以锋利的手工工具刻凿装饰木质家具。雕刻作为家具最常见的一种装饰方法，要求雕刻匠师在处理形象和空间的过程中，通过雕与刻的削减，由外向内，一步步减去废料，循序渐进地将形体挖掘显现出来。因此，雕刻工具很关键。

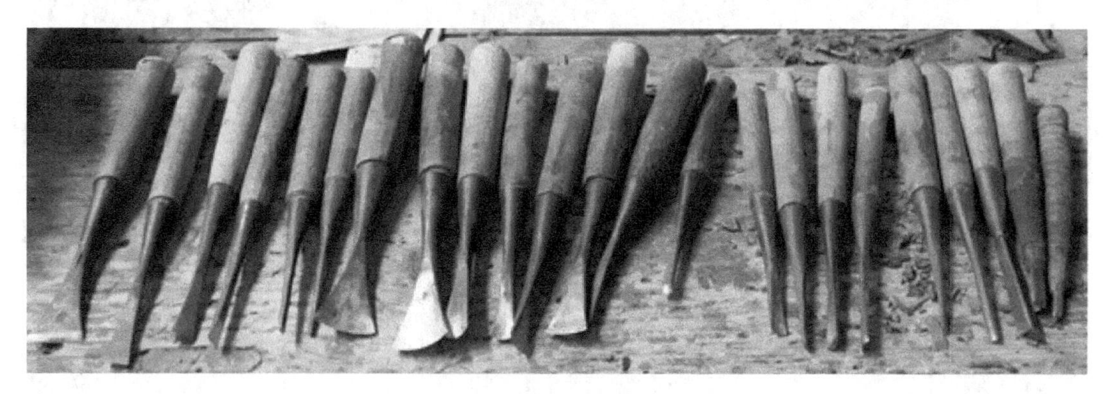

手工雕刻工具

雕刻工具有平刀、圆刀、三角刀、刮刀等类型，每种类型以口刃的大小又分不同的规格。完成一件家具，大约要使用到上百种刀具。

一、平刀

平刀刃口宽度一般为 5~40mm，刃口平齐，切削角约 30° ；刀体长为 100~150mm，刀柄长 100~250mm。平刀主要用于打边线、固定横直线、脱地以及较大工件的凿削和直线凿削。

型号大的平刀也能用来凿大型家具，有块面感，运用得法有如绘画的笔触效果，显得刚劲有力、生动自然。平刀的锐角能刻线，两刀相交时能剔除刀脚或印刻图案。瑞典和苏联的木雕人物就多用平刀，有强烈的木刀趣味。

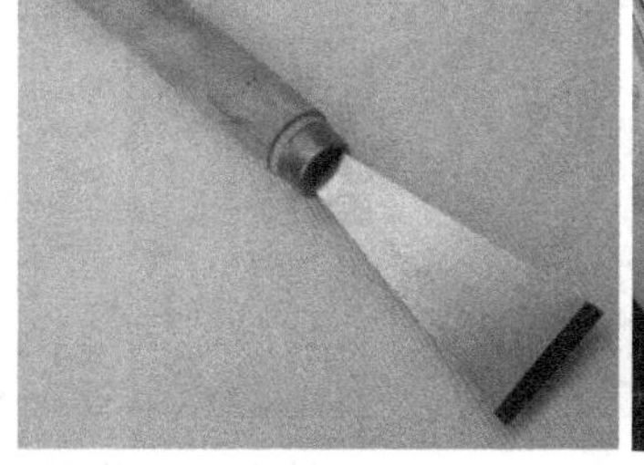

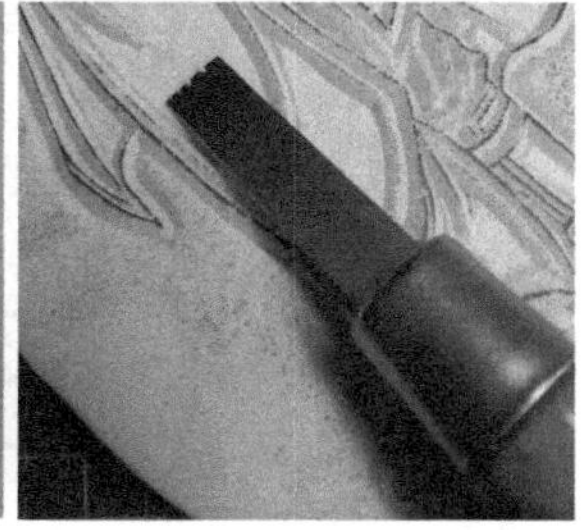

平刀

平刀雕刻主要是在凿坯时用平刀大块面的切削出作品的轮廓和结构部分，使其产生粗犷有力的斧劈刀削感，运刀必须稳、准、狠，刀刀相符、爽气不腻。平刀雕刻的运用过程实际上也是用简单抽象的几何形体概括各种复杂形体的造型过程，这个过程可以将每一个形体、每一块骨骼、肌肉减化成大大小小的正方形、长方形、梯形、菱形。平刀雕刻可以结合一些圆刀贯穿于雕刻的全部过程以形成最后的艺术效果，也可以只运用在雕刻的初级阶段作大形处理，然后再用其他刀法做由方到圆的更丰富细腻的刻画。

二、圆刀

圆刀刃口部分为圆弧形，其圆弧为 120°~180° ，一般为 135° ，刃口的弧长一般为 6~35mm。木柄长一般为 100~250mm。圆刀用于凿削图案中各种大小的圆弧面。每种规格的圆凿应配有相应弧度的青磨石进行刃磨，以确保其弧度的精确度。

圆刀雕刻出的形体轮廓比较含糊，产生的凹凸感又比较清晰，所以很适合表现各种物体的质感和肌理效果，作为浮雕的底面处理，俗称“麻底子”，也是一种极好的起衬托

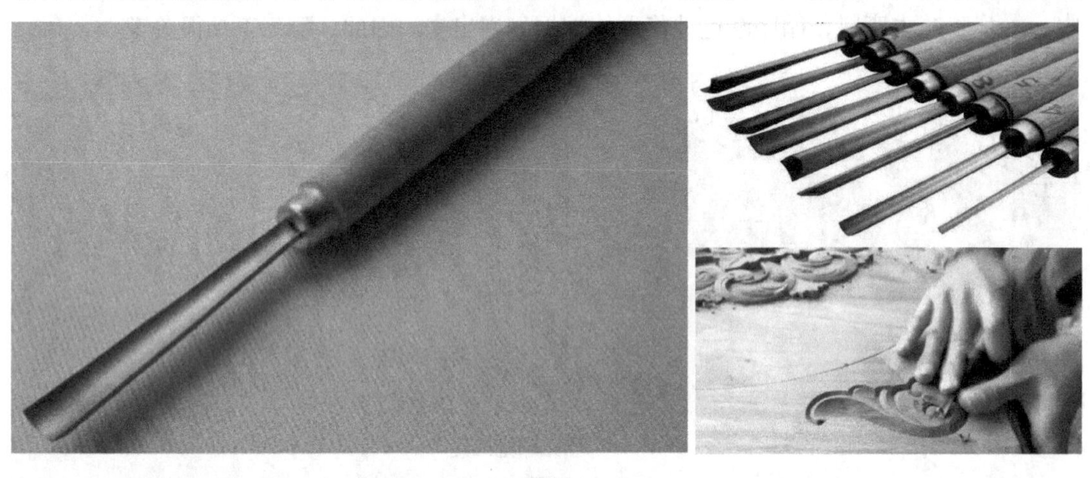

圆刀

圆刀雕刻曲面图案

作用的表现手法。圆刀雕刻是以大大小小不规则的凹凸形成体积，并在表面形成自然、浑厚、拙朴的美感。倘若与平刀结合起来，一方面是光滑细腻，如人的皮肤；另一方面是粗糙毛涩，如人的发鬓、衣饰等，那么两者会形成强烈的质感对比，使作品产生丰富有趣的表现力。

三、三角刀

三角刀刃口为双尖齿形，用V形锯条磨削而成，并将上端插入长度为150~300mm的木柄中。三角刀是单线浅雕的主要工具，专用于毛发、松针、茎叶、花纹、波纹等阴线条的雕刻。操作时，用三角刀的刀尖在木松上推进，木屑从三角槽内排出，三角刀刀尖推过的部位便刻画出线条。

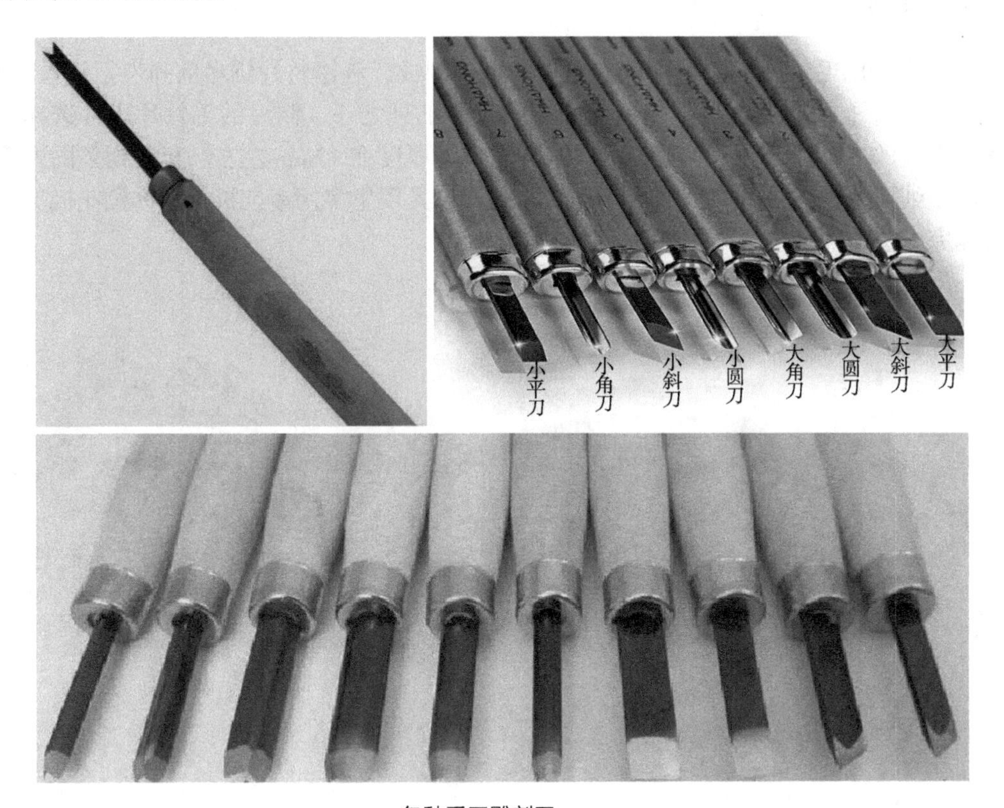

各种手工雕刻刀

四、刮刀

刮刀是用于雕刻件表面为较大平面的部位进行刮磨加工的手工工具，一般是不锈钢材质，刮刀的尺寸大小根据个人使用习惯而定，没有固定的规格。刮磨可以对雕刻有缺陷的部位进行调整，不管红木家具还是雕刻件，在雕刻或拼装完成后，必须对零部件的每个部位进行初步刮磨，以保证榫卯之间连接平滑，直到每个部件四面见光、光滑圆润。反复不断的刮磨能使雕刻件表面的花纹清晰，不产生木毛倒刺等，线条平整饱满顺滑。

刮片

五、弓锯

弓锯锯弓用毛竹片拴上一根开有锯齿的钢丝制成，利用竹片锯弓的弹性把钢丝绷紧，便能锯割工件上的花纹，弓锯是制作透雕的主要工具之一。制弓的毛竹片通常选择老毛竹根部以上的中下段，竹片的宽度在 45mm 左右，厚度在 12mm 左右。充当锯条的弹簧钢丝，其粗细要根据工件的厚薄、大小而定。现代家具厂里多用镂空机（又称拉花机）来代替弓锯完成透雕。

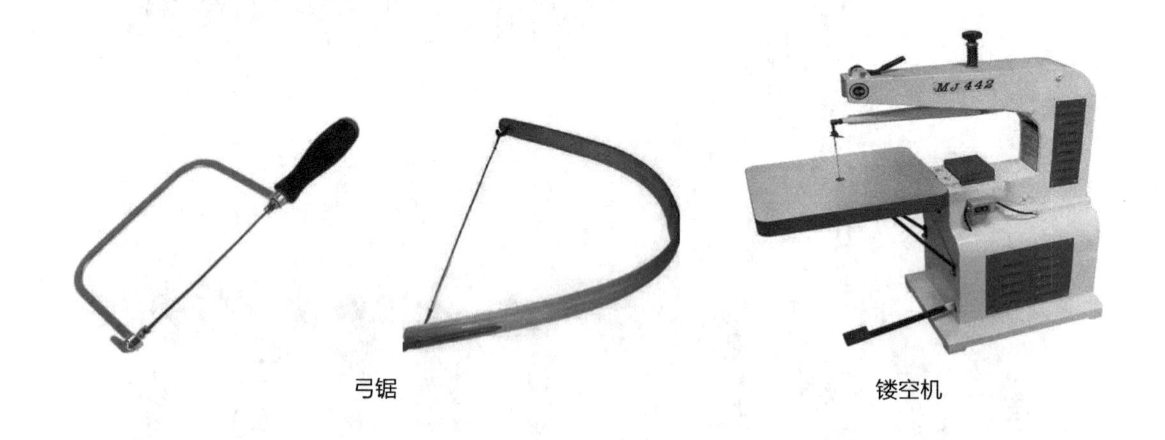

弓锯　　　　镂空机

模块三 家具雕刻常见木材及图案

学习目标：

了解家具雕刻所选用图案的种类、寓意，适合用于雕刻的木材树种。

学习任务：

认识木材树种知识、收集雕刻图案。

红木材料

雕刻装饰用在传统的红木家具上，赋予了家具审美含义，是对红木材质的珍惜，其纹饰图案也是对历史文化的记载，是红木家具中国文化的体现。在古典红木家具的制作工艺中，雕刻在装饰手法中占有首要地位，论其技法可分为浮雕、透雕、浮雕与透雕相结合、圆雕四种。其中，以浮雕手法使用最多，浮雕又因花纹的突出多少、由浅至高而分多种。一般而言，一幅雕刻作品需要 30 几把不同的雕刀结合使用才能创作出栩栩如生的图案，至于图案的美感及艺术水准，全在于雕刻师的技术功底。

一、常见雕刻木材

雕刻能得以实现，材料好很重要。为了解雕刻材料（木材）特性，便于材种的选择以达到更好的雕刻效果，下文介绍常见用于雕刻的木材。

（一）红木材料

《红木》（GB/T 18107—2017）对红木的定义为：紫檀属、黄檀属、柿属、崖豆属、决明属树种的心材，其密度和材色（以在大气中变深的材色）符合本标准规定的必备条件的木材。

红木分为 5 属 8 类 29 个树种。

5 属是以树木学的属来命名的，即紫檀属、黄檀属、柿属、崖豆属及铁刀木属。

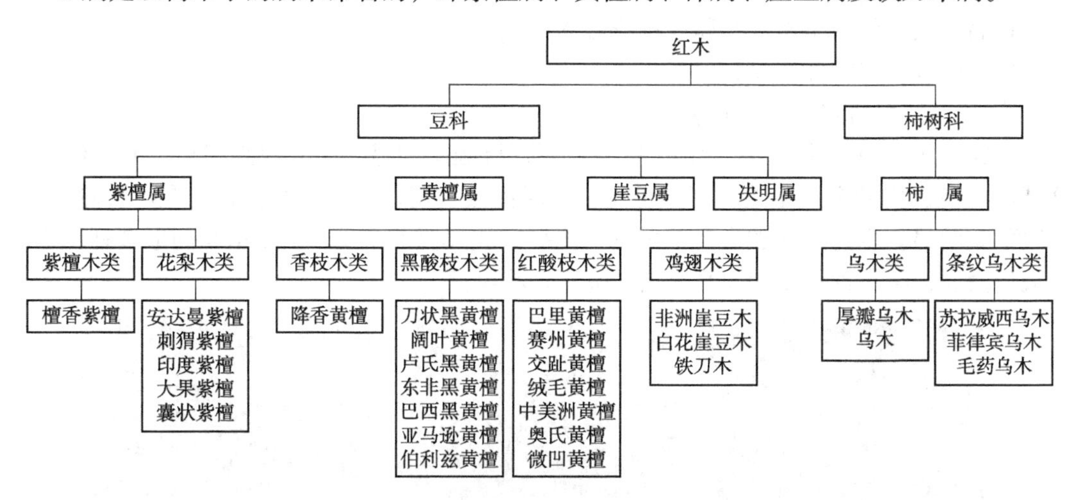

《红木》新国标 5 属 8 类 29 种材延伸图

8类则是以木材的商品名来命名的，即紫檀木类、花梨木类、香枝木类、黑酸枝类、红酸枝木类、乌木类、条纹乌木类和鸡翅木类。

产自亚洲热带地区国家的有18种，产自非洲热带地区国家的有5种，产自中南美洲热带地区国家的有6种。

产自我国的有5种：降香黄檀、铁刀木、刀状黑黄檀、印度紫檀、菲律宾乌木。

1. 檀香紫檀

学名：*Pterocarpus santalinus* L.f.

科属：蝶形花科紫檀属

俗名：小叶紫檀、牛毛纹紫檀、金星紫檀、鸡血紫檀、豆瓣紫檀、大陆性紫檀

气干密度：1.05~1.26g/cm^3

产地：产于印度

木材特征：边材白色，心材紫红黑色或紫红色，具斑纹，硬重，抗白蚁和其他虫害，通常不需防腐处理。散孔材，生长轮不明显。边材浅黄褐色，与心材区别明显。心材新切面橘红色，久则转为深紫或黑紫色，常带深色条纹。导管含丰富的紫色或红色树胶，肉眼可见轴向薄壁组织，为傍管带状和翼状。木屑水浸出液呈黄绿至淡蓝色荧光；波痕不明显，木射线放大镜下可见。香气微弱；结构甚细至细，纹理交错，有的局部卷曲，俗称牛毛纹。

主要价值：木材适合制作家具、乐器、工具柄、细木工及雕刻。

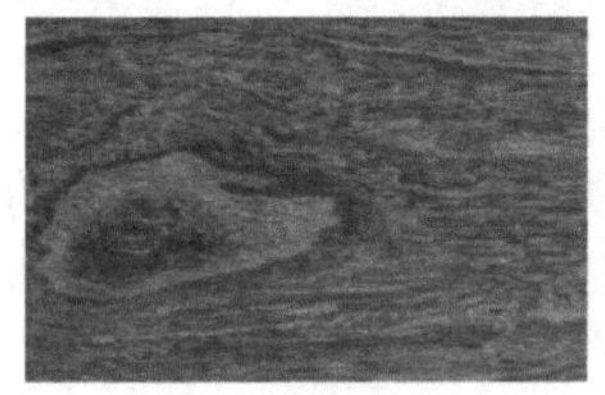

弦切面

径切面

横切面

2. 安达曼紫檀（市场无流通）

学名：*Pterocarpus dalbergioides* DC.

科属：蝶形花科紫檀属

俗名：安达曼花梨木、东印度桃花心木

气干密度：0.69~0.87g/cm^3

产地：主产印度安达曼群岛

木材特征："为常绿乔木，散孔材，半环孔材倾向明显。生长轮颇明显。心材红褐色至紫红褐色，常带黑色条纹；划痕可见；水浸出液黄褐色，有荧光。管孔在生长轮内部，肉眼下颇明显。木射线在放大镜下可见；波痕在放大镜下略见；射线组织同形单列，香气无或很微弱；结构细；纹理典型交错，呈鹿斑花纹。"

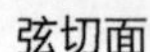
弦切面

径切面

横切面

主要价值：木材适合制作家具、雕刻件等。

3. 刺猬紫檀

学名：*Pterocarpus erinaceus* Poir.

科属：蝶形花科紫檀属

俗名：非洲花梨

产地：主产塞内加尔、几内亚比绍等热带非洲国家

气干密度：约 0.85g/cm³

木材特征：纹理交错，梢部较直，结构较细且均匀，光泽强。锯切的心材板方材，经窑干后放在仓库，耐久，不开裂，不生虫，耐腐、颜色不褪，还要变紫。散孔材，半环孔材倾向明显，生长轮略明显至明显。心材紫红褐或红褐色，常带深色条纹。肉眼下管孔明显，内具红褐色树胶。放大镜下木射线明显。波痕可见，放大镜下轴向薄壁组织明显，翼状、聚翼状及带状。木屑水浸出液呈黄绿至淡蓝色荧光，无香气，纹理交错且结构细。

主要价值：木材适合制作家具、雕刻件等。

弦切面　径切面

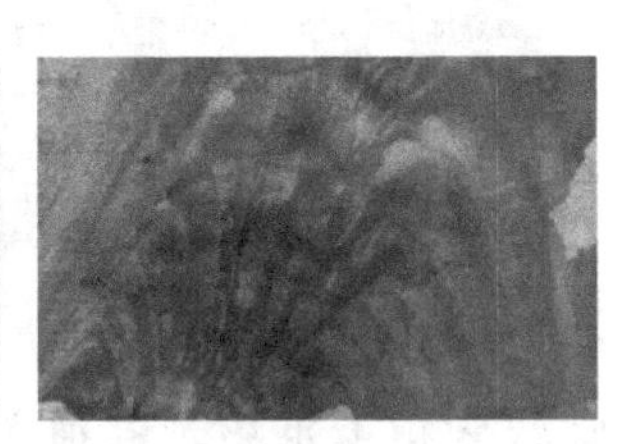

横切面

4. 印度紫檀

学名：*Pterocarpus indicus* Willd.

科属：蝶形花科紫檀属

俗名：榈木、花榈木、蔷薇木、青龙木、黄柏木、赤血树

产地：主产印度、缅甸、菲律宾、马来西亚及印度尼西亚；中国广东、广西、云南及海南有引种栽培。

气干密度：0.53~0.94g/cm³

木材特征：散孔材，半环孔材倾向明显，生长轮明显。边材白色或浅黄色，与心材区别明显，心材红褐色，深红褐色或金黄色，常带深浅相间的深色条纹。轴向薄壁组织放大镜下明显，带状及聚翼状。波痕明显，木屑水浸出液呈黄绿至淡蓝色荧光。管孔肉眼下明显，新切面香气微弱。结构细，纹理斜至略交错。

主要价值：木材适合制作高级家具、细木工、钢琴、电视机、收音机的外壳，旋切单板可用来作船舶和客车车厢内部装修。该树种产生的树瘤用来制作微薄木非常美观。

弦切面

径切面

5. 大果紫檀

学名：*Pterocarpus macrocarpus* Kurz

科属：蝶形花科紫檀属

俗名：缅甸花梨、草花梨

产地：主产泰国、缅甸、老挝、柬埔寨、越南

气干密度：0.80~1.01g/cm^3

木材特征：散孔材，半环孔材倾向明显，生长轮明显。边材灰白色，与心材区别明显，心材橘红、砖红或紫红色，常带深色条纹。轴向薄壁组织肉眼下明显，主为带状及聚翼状。波痕明显或略明显，管孔肉眼下可见。木屑水浸出液有荧光反应，呈黄绿至淡蓝色。香气浓郁。

主要价值：木材适合制作高级家具、工艺品、乐器和雕刻、美工装饰等。

弦切面

径切面

横切面

6. 囊状紫檀（市场无流通）

学名：*Pterocarpus marsupium* Roxb.

科属：蝶形花科紫檀属

别名：马拉巴紫檀、吉纳檀、囊状紫檀、花榈木、奇诺树

产地：主产印度、斯里兰卡

气干密度：0.75~0.80g/cm^3

木材特征：“散孔材，半环孔材倾向明显，生长轮颇明显，结构较细，木材强度大，硬度大。心材金黄褐色或浅黄紫红褐色，常带深色条纹，划痕未见，管孔比较明显。木屑水浸出液红褐色，有荧光，有光泽，耐腐力强。”

主要价值：是建筑、家具、农业用具、车辆、木砖等用材。适合制作椅类、床类、顶箱柜、沙发、餐桌、书桌等高级古典工艺家具。

弦切面

径切面

横切面

7. 降香黄檀

学名：*Dalbergia odorifera* T.C.Chen

科属：蝶形花科黄檀属

俗名：花梨木

产地：中国海南

气干密度：0.82~0.94g/cm³

木材特征：乔木，高 10~15m。材质坚硬、结构细致、纹理美观、气味芳香、耐腐耐蚀。散孔材至半环孔材，生长轮明显。边材灰黄褐色或浅黄褐色，与心材区别明显，心材红褐或黄褐色，常带黑色条纹。管孔肉眼下可见至明显，数略少。木射线放大镜下明显。波痕可见，具辛辣香气味。肉眼可见轴向薄壁组织，主为聚翼状及带状。纹理斜或交错。

主要价值：木材是制作高级红木家具、工艺制品、乐器和雕刻、镶嵌、美工装饰等的上等材料。

弦切面

径切面

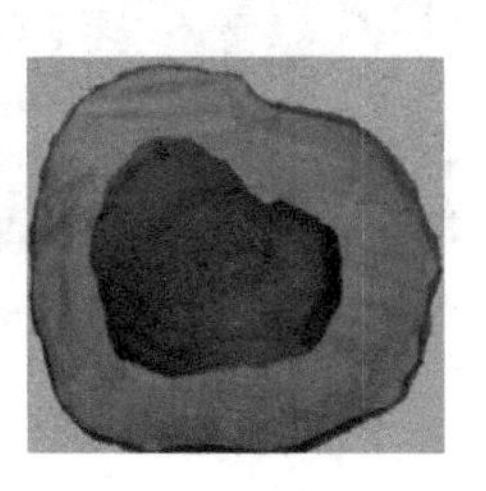

横切面

8. 刀状黑黄檀

学名：*Daibergia cultratag* Benth

科属：蝶形花科黄檀属

俗名：英檀木、缅甸黑木、黑玫瑰木、刀状玫瑰木、缅甸黑酸枝、缅甸黑檀

产地：主产缅甸、印度、越南，我国云南

气干密度：0.89~1.14g/cm³

木材特征：生长轮不明显或略明显。心边材区别明显，边材浅白色，心材新切面紫黑或紫红褐色，常带深褐或栗褐色条纹，久则变黑。新切面有酸香气。轴向薄壁组织较多，肉眼下非常明显，在木材弦切面上呈刀状花纹而得名。

主要价值：是装饰用材、家具用材，也是鼓、筝、音轨、长笛等乐器的首选用材。

弦切面

径切面

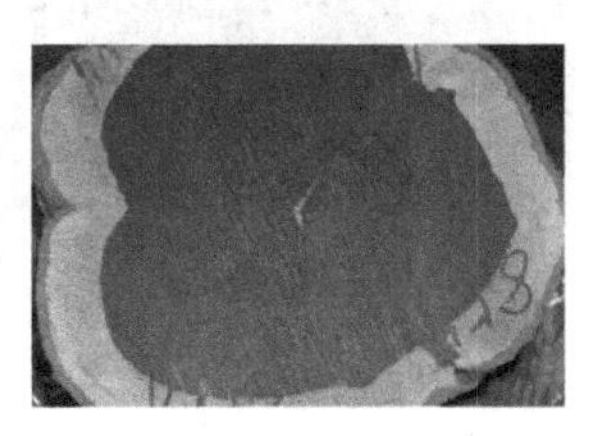

横切面

9. 阔叶黄檀

学名：*Dalbergia latifolia* Roxb.

科属：蝶形花科黄檀属

俗名：紫花梨、广叶黄檀、西采、比蒂、希沙姆

产地：主产印度、印度尼西亚

气干密度：0.75~1.04g/cm³

木材特征：阔叶黄檀树径多在20~40cm间；边材2~4cm厚；树多弯曲，多分杈；树心多开裂；有少量树木存在空心；锯末、新切面有酸味；心材耐腐、无虫蛀。结构略细，纹理交错，具生长轮花纹。木材有光泽。散孔材，生长轮不明显或略明显。边材浅黄白色，心材金褐、栗褐、黑褐、紫褐或深紫红色，常有较宽、相距较远的紫黑或紫红色条纹。木射线放大镜下较明显。轴向薄壁组织肉眼下明显，主为聚翼状、带状及翼状。波痕可见，新切面有酸香气。管孔肉眼下明显。纹理交错且结构细。

主要价值：木材适合制作家具、乐器、单板、车旋制品和其他雕刻制品。

弦切面

径切面

横切面

10. 卢氏黑黄檀

学名：*Dalbergia louvelii* R.Vig.

科属：蝶形花科黄檀属

俗名：大叶紫檀、玫瑰木

产地：主产马达加斯加等

气干密度：约0.95g/cm^3

木材特征：散孔材，生长轮不明显。心材新切面紫红色，久则转为深紫或紫黑色，常具深浅相间条纹。轴向薄壁组织放大镜下明显，主为带状。管孔肉眼下不见。波痕不明显，酸香气微弱。结构细且纹理交错，局部卷曲。

主要价值：木材适合制作家具、雕刻件等。

弦切面

径切面

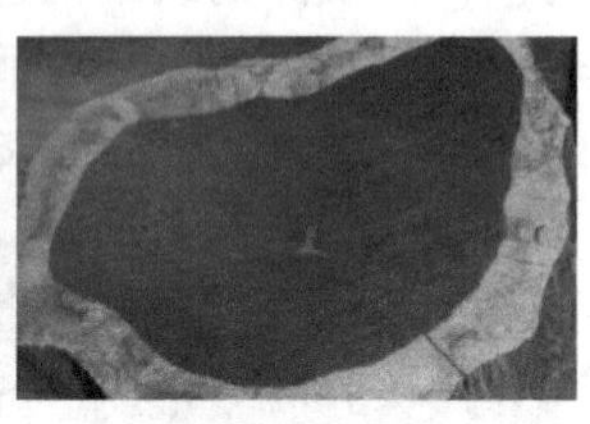
横切面

11. 东非黑黄檀

学名：*Dalbergia melanoxylon* Guill.& Perr.

科属：蝶形花科黄檀属

俗名：非洲黑檀、莫桑比克黑檀

产地：主产坦桑尼亚、莫桑比克、肯尼亚、乌干达等非洲国家

气干密度：1.00~1.33g/cm^3

木材特征：散孔材，边材黄褐色，与心材区别明显，心材黑褐至黄紫褐色，常有黑色条纹。管孔和轴向薄壁组织在肉眼下不见。生长轮不明显。波痕可见。酸香气无或很微

弱。纹理通常直且结构甚细，油性大。东非黑黄檀的原木不仅外形丑陋，而且常有中空的现象，出材率仅 8%~12%。

主要价值：木材适合制作珍贵工艺商务礼品、佛像、佛珠、手链、手镯、配饰、办公摆件、汽车挂件、乐器、高级家具等。

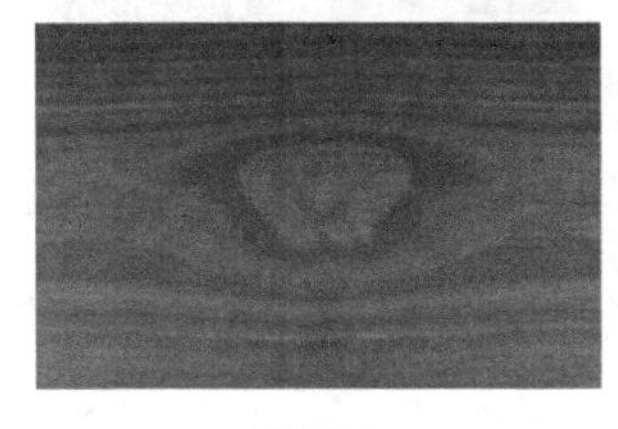
弦切面

径切面

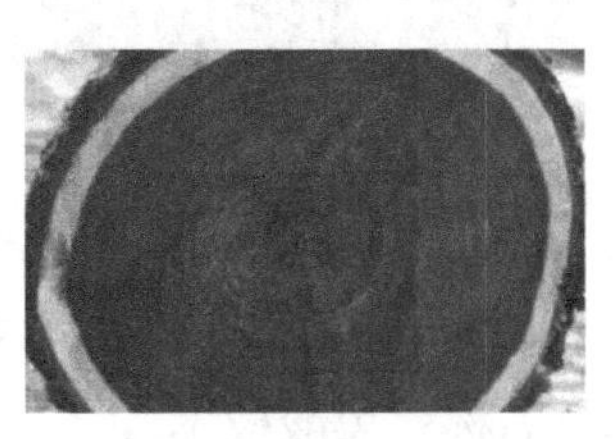
横切面

12. 巴西黑黄檀（市场无流通）

学名：*Dalbergia nigra* (Vell.) Benth.

科属：蝶形花科黄檀属

俗名：巴西玫瑰木

产地：主产巴西等热带南美洲国家

气干密度：0.86~1.01g/cm^3

木材特征：散孔材。心材材色变异较大，褐色、红褐到紫黑色；与边材区别明显；常带有明显的黑色窄条纹；有油性感。边材近白色，生长轮不明显。新切面酸香气浓郁。

主要价值：木材适合制作吉他等乐器，很多国际名牌吉他之前都是用巴西黑黄檀，之后才用其他替代材料（如阔叶黄檀）。巴西黑黄檀也大量用于家具制作。

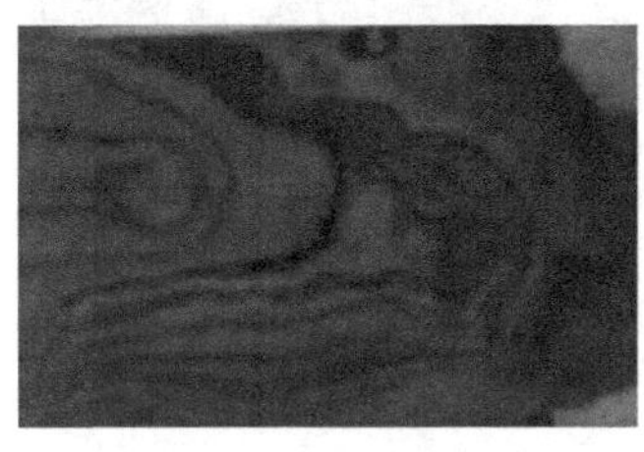
弦切面

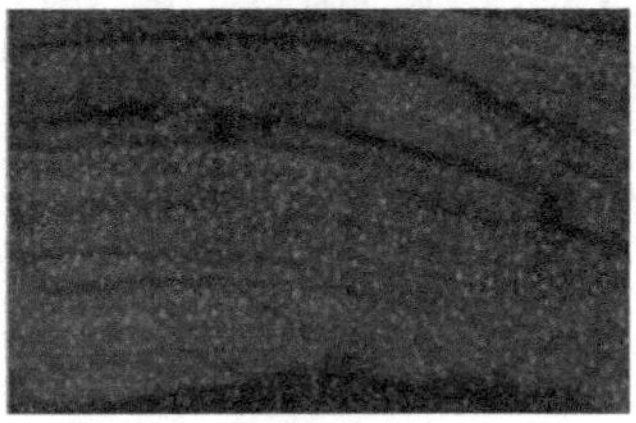

径切面

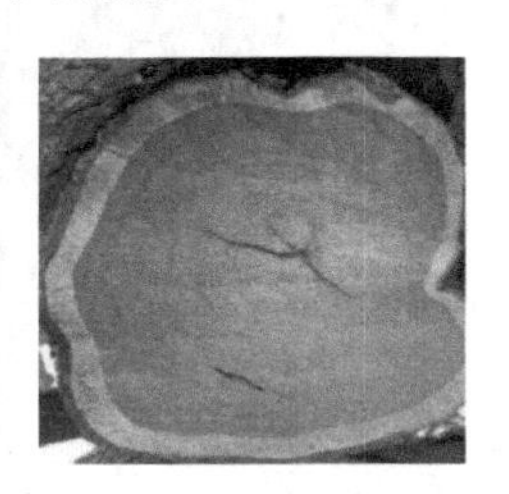
横切面

13. 亚马孙黄檀（市场无流通）

学名：*Dalbergia spruceana* (Benth.) Benth.

科属：蝶形花科黄檀属

俗名：亚马逊玫瑰木

产地：主产南美洲亚马孙河流域

气干密度：0.98~1.10g/cm^3

木材特征：散孔材。生长轮明显。心边材区别明显，边材浅黄白色，心材栗褐色，具黑色条纹。波痕在放大镜下可见。无特殊气味。

主要价值：木材适合制作台球杆、乐器、雕刻件等。

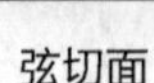

弦切面 径切面 横切面

14. 伯利兹黄檀

学名：*Dalbergia stevensonii* Standl.

木材名称：黑酸枝木

科属：蝶形花科黄檀属

俗名：大叶黄花梨

产地：主产伯利兹等中美洲国家

气干密度：0.93~1.19g/cm^3

木材特征：木材具光泽；新鲜切面略具香气，久则消失；滋味不明显或略苦；纹理直至略交错；木材结构细，略均匀；甚重；强度高。木材气干有明显开裂倾向，建议进行窑干。半环孔材，生长轮明显。边材色浅，心材浅红褐、黑褐或紫褐色，常具深浅相间条纹。轴向薄壁组织为轮界状、带状和环管状。木射线在放大镜下明显，管孔在放大镜下明显。波痕略明显。

主要价值：木材适合制作家具、细木工、装饰单板、乐器部件、雕刻件等。

  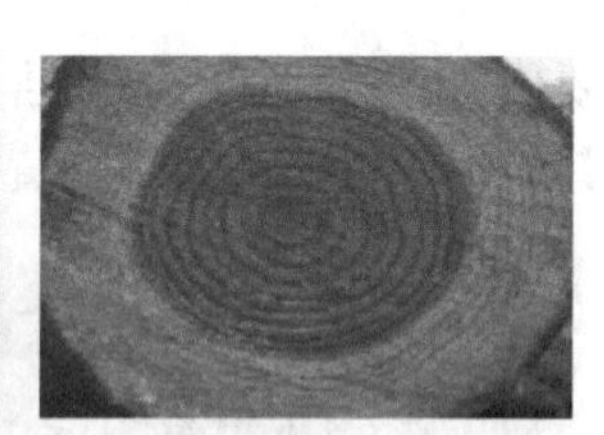

弦切面 径切面 横切面

15. 巴里黄檀

学名：*Dalbergia bariensis* Pierre

科属：蝶形花科黄檀属

俗名：花枝（老挝红酸枝）、紫酸枝（柬埔寨红酸枝）

产地：主产越南、泰国、柬埔寨、缅甸和老挝

气干密度：约 1.07g/cm^3

木材特征：心边材区别极明显，边材灰白至灰褐色，宽 2~3cm；心材显现玫瑰黄色、红褐色、灰紫褐色，常有宽窄不等的黑色或紫黄色带状条纹，本种木材商业等级的划分就是依据其外观色泽而定。散孔材，生长轮略明显。心材新切面常带黑褐或栗褐色细条纹，颜色为紫红褐至暗红褐色。结构细，纹理交错。

主要价值：木材适合制作高级家具、工艺雕刻和装饰等。

弦切面

径切面

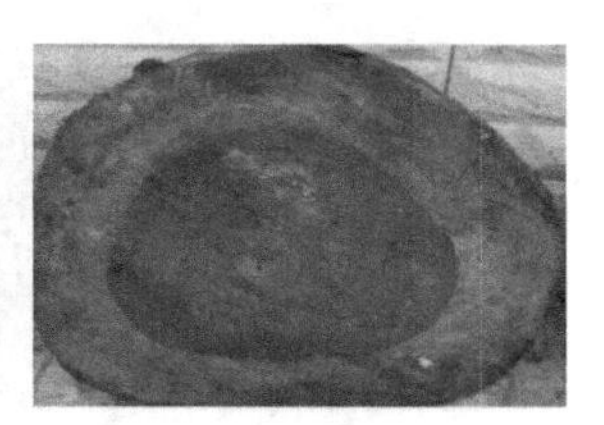
横切面

16. 赛州黄檀

学名：*Dalbergia cearensis* Ducke

科属：蝶形花科黄檀属

产地：分布于巴西等热带南美洲国家

气干密度：约 0.95g/cm^3

木材特征：树干直，树高可达 30 m。胸径可达 60 cm，通常 25~40 cm。树皮和枝、叶均光滑。心边材区别明显，边材白色，心材浅红至浅红褐色，具紫褐或黑褐色细条纹。波痕在放大镜下明显。无酸香气或很微弱。

主要价值：木材适合用于镶嵌细木工、小型工具柄、乐器和木雕等，因黑色直纹明显，弦切面宜作吉他背板与侧板等。

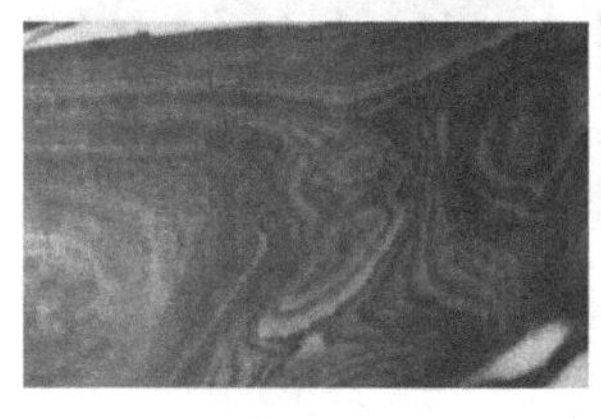
弦切面

径切面

横切面

17. 交趾黄檀

学名：*Dalbergia cochinchinensis* Pierre

科属：蝶形花科黄檀属

俗名：紫檀、大红酸枝

产地：主产越南、老挝、柬埔寨、泰国

气干密度：1.01~1.09g/cm^3

木材特征：落叶大乔木（在越南和泰国的有些地区为常绿乔木），高度一般在 8~30m，主干直径可达 60~120cm，有时有几个主干和分枝。树皮光滑而坚硬，浅黄色至灰褐色，为鳞片状，有纵向裂纹，有时剥落为碎片。散孔材，生长轮不明显或略明显。边材灰白色，与心材区别明显，心材新切面紫红褐色或暗红褐色，常带黑褐或栗褐色深条纹。有微弱酸香气。结构细，纹理直。

主要价值：木材适合制作高级家具、高级车厢、钢琴外壳、镶嵌板、高级地板、缝纫机、体育器材、工具、装饰单板、工艺雕刻、乐器等。

弦切面

径切面

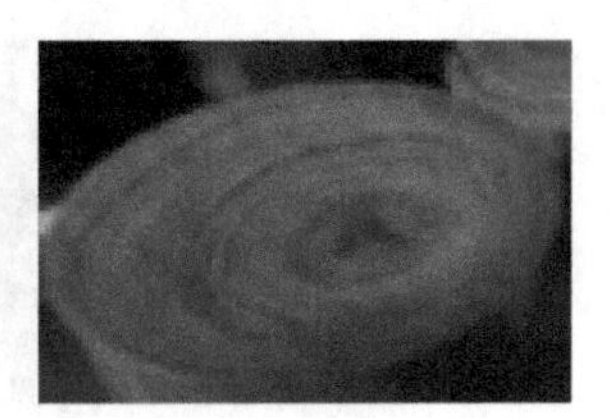
横切面

18. 绒毛黄檀

学名：*Dalbergia frulescens* var. *to-mentosa*(*Vogel*)Benth.

科属：蝶形花科黄檀属

俗名：巴西黄檀、黄檀木、紫薇檀、粉木、玫瑰黑黄檀、郁金香木、巴西黄檀

产地：主产巴西等热带南美洲国家

气干密度：0.9~1.10g/cm^3

木材特征：木材具光泽；无特殊气味和滋味；纹理常直；结构细而匀；木材甚重，强度高。木材锯、刨等加工不难，切面光滑。

主要价值：木材适合制作贴面、精细镶嵌、艺术品、自打击乐器、小型车旋、雕刻等。

弦切面

径切面

横切面

19. 中美洲黄檀

学名：*Dalbergia granadillo* Pittier

科属：蝶形花科黄檀属

俗名：美洲红酸枝

产地：主产墨西哥及中美洲国家

气干密度：0.98~1.22g/cm^3

木材特征：散孔材。生长轮明显。心材新切面暗红褐、橘红褐至深红褐，常带黑色条纹。

主要价值：木材适合制作家具及雕刻工艺品。

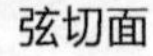
弦切面

径切面

20. 奥氏黄檀

学名：*Dalbergia oliveri* Prain

科属：蝶形花科黄檀属

俗名：缅甸酸枝

产地：主产泰国、缅甸和老挝

气干密度：约 1.00g/cm^3

木材特征：高约 25m，通常为 18~24m。树干胸径 50cm 左右，最大可达 2m。木材表面光泽，强度高、硬度大、耐腐蚀性强，抗虫性强，结构细，略均匀，纹理直或交错。半环孔材，生长轮明显或略明显。边材黄白色，与心材区别明显。心材新切面柠檬红、红褐至深红褐色，常带明显的黑色条纹。管孔肉眼下明显，数略少。轴向薄壁组织丰富，为同心式傍管带状。

主要价值：木材适合制作家具、工艺品雕刻、装饰单板、运动器材等。

弦切面

径切面

横切面

21. 微凹黄檀

学名：*Dalbergia retusa* Hemsl.

俗名：中美洲大红酸枝、可可波罗

科属：蝶形花科黄檀属

产地：主产墨西哥、哥斯达黎加、巴拿马等中美洲国家

气干密度：大于 1.00g/cm^3

木材特征：微凹黄檀的木材是一种硬木，只会开采其心材。心材呈橙色或红褐色，有深色不规则的纹理。不使用的边材呈奶黄色，与心材之间有明显的分界。在被砍伐后，心材会变色。散孔材，生长轮不明显。边材浅黄白色，与心材区别明显。结构细而均匀，纹理交错。

主要价值：木材适合制作家具及雕刻工艺品。

弦切面

径切面

横切面

22. 非洲崖豆木

学名：*Millettia laurentii* De Wild.

科属：蝶形花科崖豆属

俗名：西非鸡翅、非洲黑鸡翅

产地：主产喀麦隆、刚果、加蓬

气干密度：约 0.80g/cm^3

木材特征：纹理直；结构粗而不均匀；质重硬；强度高；干缩甚大。加工略难，易钝锯；抛光略难；钉钉须先打孔；弯曲性能极佳。很耐腐。干燥慢，略开裂。散孔材，生长轮不明显。边材浅黄色，与心材区别明显。心材黑褐色，常带浅色条纹。结构细至中，纹理直。

主要价值：木材适合于家具、刨切微薄木、室内装修、地板、细木工、运动器材、木雕刻等。

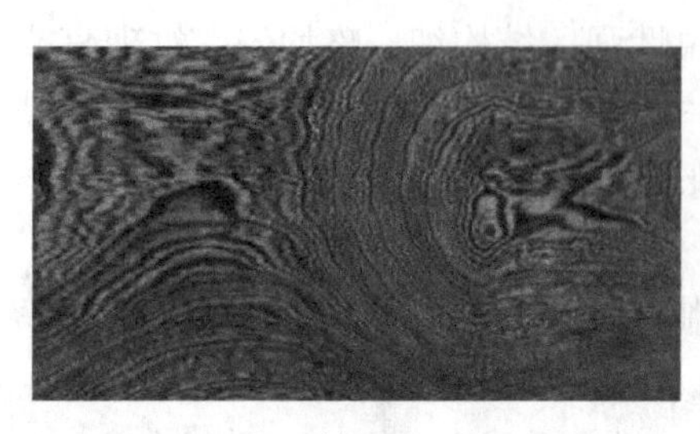

弦切面　　径切面

23. 白花崖豆木（市场存量较少）

学名：*Millettia leucantha* Kurz

科属：蝶形花科崖豆属

俗名：缅甸鸡翅木、黑鸡翅

产地：主产缅甸、泰国

气干密度：约 0.80g/cm^3

木材特征：纹理直至略交错；结构中，略均匀。木材甚重，甚硬；强度高。干燥性能良好，但有时会发生表面细裂纹。木材很耐腐，心材几乎不受任何菌虫危害。木材锯解困难，尤以干燥后为然，最好生材时就进行加工。

主要价值：木材适合制作家具、隔墙板、雕刻件等。

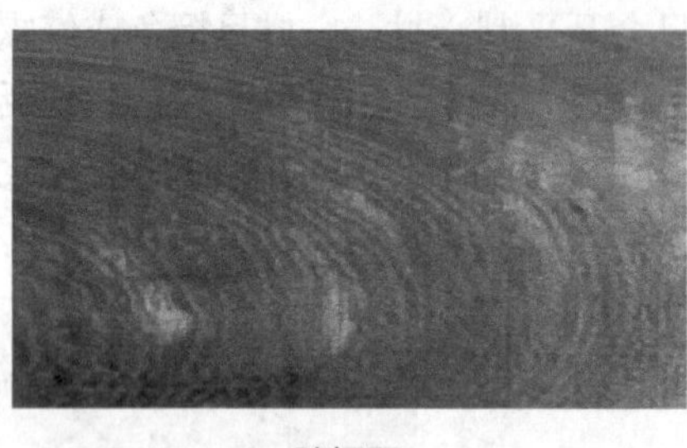

弦切面

径切面

24. 铁刀木

学名：*Senna siamea* (Lam.) H.S.Irwin & Barneby

科属：蝶形花科决明属

俗名：孟买蔷薇木、黑心树

产地：主产印度、缅甸、斯里兰卡、越南、泰国、缅甸、马来西亚、菲律宾以中国云南、福建、广东、广西

气干密度：0.63~1.01 g/cm^3

木材特征：心材栗褐或黑褐色，常带浅色条纹。轴向薄壁组织肉眼下明显，主为带状和聚翼状。波痕未见。总状花序生于枝条顶端的叶腋，并排成伞房花序状；苞片线形，长 5~6mm；萼片近圆形，不等大，外生的较小，内生的较大，外被细毛；花瓣黄色，阔倒卵形，长 12~14mm，具短柄。

径切面

主要价值：木材适合制作家具、乐器装饰等。

25. 厚瓣乌木

学名：*Diospyros crassiflora* Hiern

科属：柿树科柿属

俗名：黑檀

产地：主产尼日利亚、喀麦隆、加蓬、赤道几内亚等中非和西非国家

气干密度：约 1.05g/cm^3。

木材特征：散孔材。心边材区别明显，边材红褐色，心材乌黑。生长轮不明显。管孔在肉眼下略见；多数含深色树胶；成熟心材色乌黑，有时有空洞。密度极高，加工困难。含油量高，对黏合影响大。对刀具的钝化效果明显，抛光性能好。

主要价值：木材适合制作镶嵌、雕刻艺术品、乐器等。

径切面

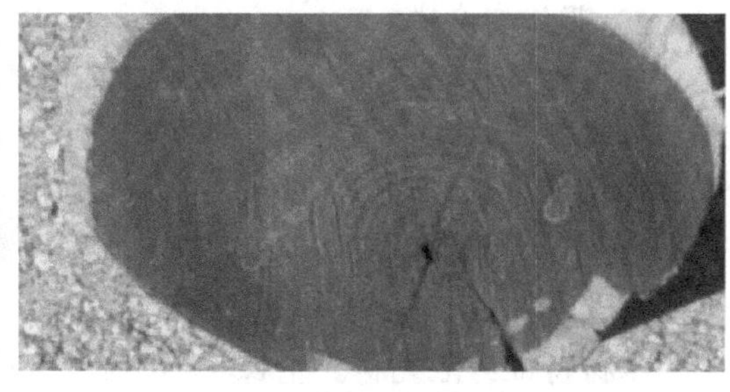

横切面

26. 乌木

学名：*Diospyros ebenum* J. Koenig ex Retz.

科属：柿树科柿属

俗名：阴沉木

产地：主产斯里兰卡、印度、缅甸

气干密度：0.85~1.17g/cm^3。

径切面

木材特征：乌木本质坚硬，心边材区别明显，边材灰白色，心材全部乌黑，浅色条纹稀见，多呈黑褐色、黑红色、黄金色、黄褐色等。其切面光滑，木纹细腻，打磨得法可达到镜面光亮，永不褪色、不腐朽、不生虫。

主要价值：木材适合制作成家具和雕刻艺术品。

27. 苏拉威西乌木

学名：*Diospyros celebica* Bakh.

科属：柿树科柿属

俗名：印尼黑檀、条纹乌木

产地：主产印度尼西亚

气干密度：约 1.09g/cm^3

木材特征：木材散孔。心边材区别明显，材色悦目，纹理和谐，结构细而匀，材质重硬，干材尺寸稳定，心材黑色或巧克力色（栗褐色），具深浅相间条纹；木材新切面具辛辣气味。

主要价值：木材适合用于室内装饰、车辆材、家具、乐器用材、工艺品、单板用材、雕刻件等。

弦切面

径切面

28. 菲律宾乌木

学名：*Diospyros Philippinensis* A.DC.

科属：柿树科柿属

俗名：菲律宾黑檀

产地：主产菲律宾、斯里兰卡，中国台湾。

气干密度：0.78~1.09g/cm^3。

木材特征：散孔材。生长轮不明显。心材黑、乌黑或栗褐色，带黑色及栗褐色条纹。管孔在放大镜下可见，含黑或黑褐色树胶。

主要价值：木材适合用于工艺品、雕刻、乐器、木皮、家具原材料。

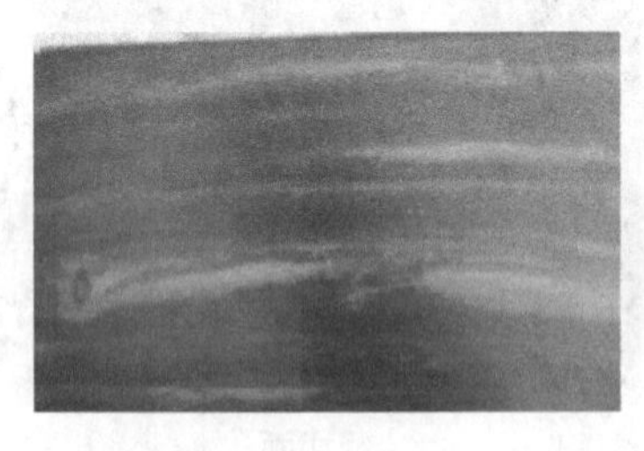
弦切面

径切面

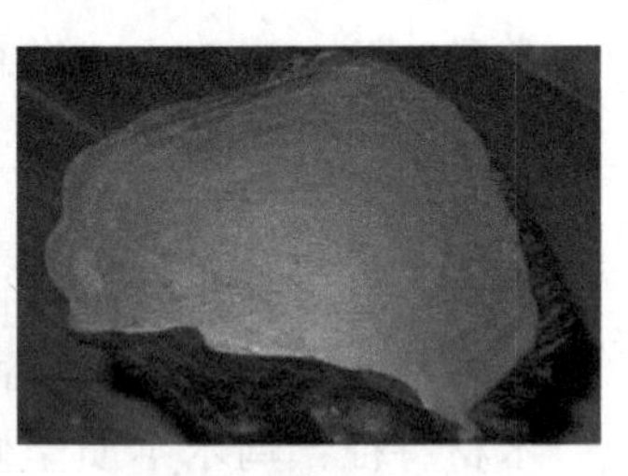
横切面

29. 毛药乌木

学名：*Diospyros pilosanthera* Blanco

俗名：无

科属：柿树科柿属

产地：主产菲律宾

气干密度：0.90~0.97g/cm^3。

木材特征：散孔材，生长轮不明显。心材带有褐色或带红色的条纹，有时全部乌黑，与宽阔的粉红色或带红色的边材明显分开。管孔在肉眼下略见；多数含深色树胶；轴向薄壁组织丰富；疏环管状数少；木纤维壁厚；木香气无，结构细，纹理通常直至略交错。

主要价值：木材适合制作雕刻艺术品、家具。

弦切面

径切面

国标中所确定的29种红木木材，在市场中各种红木存量各有不同，其存量不同，主要的木材资源的供求不协调，有些红木在市面上已经无法寻觅，下面根据市场上常见红木材料，作价格梳理（时有波动），供读者参考。

常见红木材料市场行情

序号	专业名称	俗名（商品名）	产地	价格
1	檀香紫檀	小叶紫檀	印度	60~100万/吨
2	降香黄檀	海南黄花梨，海南香枝	中国海南	900~1000万/吨
3	越香枝	越南黄花梨，越南香枝	越南	150~200万/吨
4	交趾黄檀	大红酸枝	柬埔寨、老挝、泰国	10~30万/吨
5	奥氏黄檀	缅甸红酸枝	缅甸	2~3万/吨
6	非洲崖豆木	鸡翅木（非洲崖豆木）	非洲	0.5~1万/吨
7	大果紫檀	缅甸花梨，东南亚花梨	缅甸，东南亚	2.2~3.2万/吨
8	刺猬紫檀	非洲花梨木	非洲	0.8~1.5万/吨
9	交趾黄檀	老挝红酸枝	老挝	9.9~20万/吨
10	东非黑黄檀	紫光檀	非洲	0.8~1.6万/吨

注：表中“越香枝”未收入国标红木中，但市场上有“越南黄花梨，越南香枝”流通交易，且价格不菲，其有类似海南黄花梨的花纹。

注：俗名即GB/T 18107—2017《红木》国家标准规定引用为拉丁文。

（二）一般实木

一般的实木，行业内俗称“白木”，也有很多用于制作家具、利于雕刻的普通木材，如：水曲柳、榆木、柳桉、樟木、椴木、桦木、黑胡桃、楸木、黄杨木、榉木、樱桃木、杉木、柏木、松木、柞木、橡胶木、橡木、楠木、核桃木、木荷、苦楝、红椿、酸枣、洋槐等木材。

1. 桦木

乔木，有棘皮桦、坚桦等多种，产于辽宁、吉林、河北、河南及西北诸地。木材初带白色，后变红褐色，有光泽，质地坚重致密，通体有美丽的木纹。由于板材尺寸较大，明清家具中常用作桌案面板及圆角柜门板。桦木不似其他树木，只有在结瘿部位才能剖出瘿木来，其木瘿俗称“桦树包”，呈细小的心纹，小巧奇丽，常被用作镶板使用。

桦木

2. 黄杨木

为常绿灌木或小乔木，产于我国中部地区，木色呈淡黄色，如蜡梅花，老则为浅绿色，生有斑纹状之线，质地坚硬，细致有光泽。黄杨木生长缓慢，据传每年只长 3cm，闰年则不长。因其难长，故无大料。明清家具中常用其制作小件木制品如木梳、刻印或家具构件如镶嵌花纹及枨子、牙子等，与硬木配合使用，极少见有通体使用黄杨木的家具。黄杨木色彩艳如蛋黄，如作镶嵌纹饰，与紫檀相配，互为映衬，异常美观。

黄杨木

3. 柏木

柏科，古有“悦柏”之称，有扁柏、侧柏、罗汉柏等多种。我国民间惯将柏树分为南柏和北柏两类，南柏质地优于北柏。其色橙黄，肌理细密匀称，近似黄杨，有芳香，其性不挤不裂，耐腐朽，适用于作雕刻板材，是硬木之外较名贵的材种。

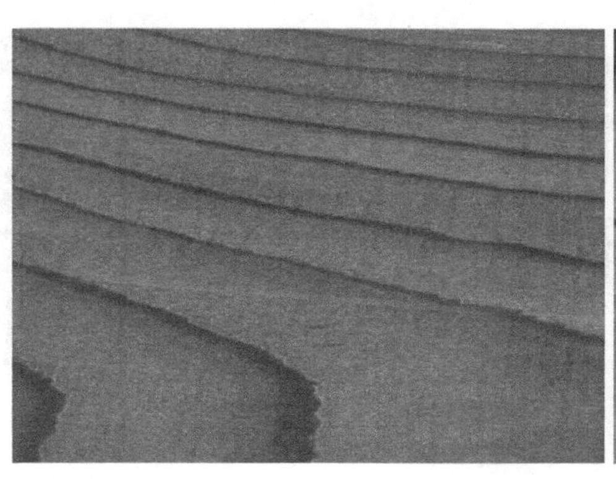

柏木

4. 樟木

樟木为常绿乔木，全株具香气。俗称樟木，小叶樟等。主产于长江以南及西南各地，如四川，云南。木材纹理细腻，切面光滑，不易变形，带有强烈的樟脑香味。其价值低于楠木。自古以来，樟木是制作箱、匣、柜、橱等家具以及雕刻的理想材料。

樟木

5. 杉木

为常绿乔木，品种较多，我国北起秦岭南坡，南至两广、滇、闽等地均产。木理通直，边材淡红黄色，心材紫褐色，日久渐深，质地轻软，耐腐朽及虫蚀，变形较小，自古以来即是建筑、造船及各类家具的常用材料，尤其是民间普通家具，应用极广。

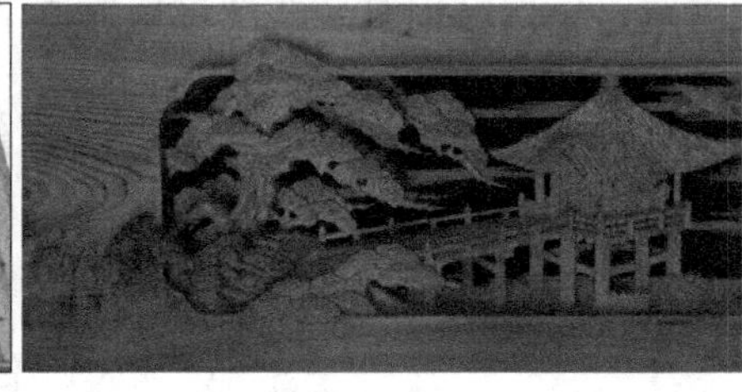

杉木

6. 松木

种类颇多，古代使用的主要有赤松、黑松、白松（即华山松）、五须松等。近年有从芬兰进口的松木，简称“芬兰松”，但其材质松软，易于加工，变形也小，质轻密度低，颜色偏白，结疤多、木纹浅、木质松软、高级家具不常使用，仅用作髹漆家具和硬木包镶家具的胎骨。

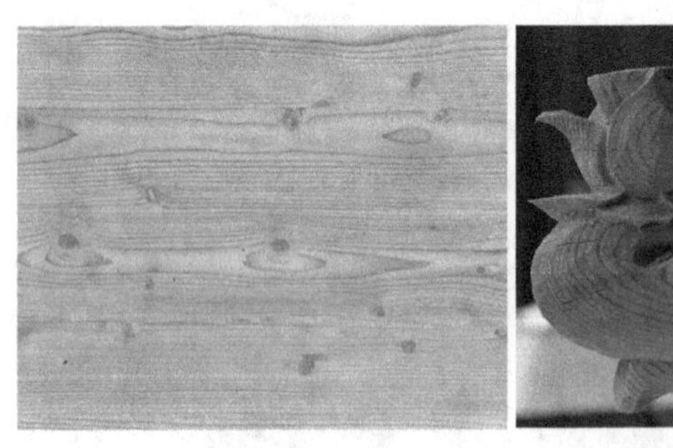

松木

7. 榆木

木性坚韧，纹理通达清晰，硬度与强度适中，一般透雕浮雕均能适应，刨面光滑，弦面花纹美丽，有“鸡翅木”的花纹，榆木经烘干、整形、雕磨髹漆，可制作精美的雕漆工艺品，在北方的家具市场随处可见。榆木与南方产的榉木有“北榆南榉”之称。材幅宽大、质地温存优良，变形率小，雕刻纹饰多以粗犷为主。榆木有黄榆和紫榆之分。黄榆多见，木料新剖开时呈淡黄，随时间推移颜色逐步加深；而紫榆天生黑紫，色重者近似老红木的颜色。北方家具以榆木为大宗，有擦蜡做，也有擦漆做。

榆木

8. 榉木

指山毛榉，与中国传统家具中的“北榆南榉”的榉木是两回事。榉木色泽明亮浅黄，有密集的木射线，旋切有山纹。欧洲进口榉木瑕疵较少。进口榉木在国内属于中高档木材，常用木皮，实木也用作餐椅和小方条等。

榉木

9. 橡胶木

原产于巴西、马来西亚、泰国等。国内产于云南、海南及沿海一带，是乳胶的原料。橡胶木颜色呈浅黄褐色，有杂乱的小射线，年轮明显，轮界为深色带，管孔甚少。木质结构粗且均匀。纹理斜，木质较硬，切面光滑，易胶黏，油漆涂装性能好，但是橡胶木有异味，因含糖分多，易变色、腐朽和虫蛀。不容易干燥，不耐磨，易开裂，容易弯曲变形，木材加工易，而板材加工易变形。

橡胶木

10. 黑胡桃

主要产自北美和欧洲。国产的胡桃木，颜色较浅。黑胡桃呈浅黑褐色带紫色，弦切面为美丽的大抛物线花纹，昂贵，通常用木皮做家具，极少用实木。

黑胡桃

11. 楸木

民间称不结果之核桃木为楸，楸木棕眼排列平淡无华，色暗质松软少光泽，但其收缩性小，可用做门芯、桌面芯，常与高丽木、核桃木搭配使用。楸木比核桃木重量轻，色深、质松、棕眼大而分散。

楸木

12. 楠木

楠木是一种极高档的木材，色浅，橙黄略灰，纹理淡雅文静，质地温润柔和，无收缩性，遇雨有阵阵幽香。南方各地均产，以四川产为最好。明代宫廷曾大量伐用，现北京故宫及上乘古建多为楠木构筑。楠木不腐不蛀有幽香，皇家藏书楼、金漆宝座、室内装修等多为楠木制作，如文渊阁、乐寿堂、太和殿、长陵等重要建筑都有楠木装修及家具，并常与紫檀配合使用。行业内人对其材质地有如下称呼：金丝楠、豆瓣楠、香楠、龙胆楠等。

楠木

13. 核桃木

为晋作家具的上乘用材。它经水磨烫蜡后会有硬木般的光泽，木质细腻无性，易于雕刻，色泽灰淡柔和。核桃木制品明清都有，大都为上乘之作，可用可藏。核桃木只有细密似针尖状棕眼并有浅黄细丝般的年轮。密度与榆木等同。

核桃木

二、家具雕刻图案

随着数控机械雕刻技术大规模运用，家具雕刻的效率得到了提升，但是作为一种传统的艺术形式，只有手工完成的雕刻作品才能传递出雕刻者的思想，表达传统文化的精髓。

中国雕刻艺术起源于新石器时代早期，又从陶器的制作中获得制作动物和人物的造型功能。从古至今，无论经历多少艺术形式的演变，雕刻艺术的魅力从未因岁月的更替而褪色。回归到古典红木家具，雕刻纹饰赋予家具器物的灵与魂并使之承载着历史信息和文化寓意。

以下文中所叙述的内容以明清时期古典红木家具中的纹饰总结进行分类。明清红木家具是中国红木家具的经典，是中华文化中最珍贵的遗产之一，也是现时很多红木家具生产企业进行仿古红木家具制造的模板。明清时期古典红木家具中的雕饰图案是我国雕刻艺术的集大成。就雕刻题材而言，大凡山水人物、飞禽走兽、花卉虫鱼、博古器物、喜庆吉祥等无所不包，丰富多彩。

（一）植物花卉类雕饰图案

其主要纹饰有：卷草纹、牡丹纹、莲花纹、葡萄纹、宝相花、菊花、芙蓉、石榴、海棠、灵芝以及松、竹、梅、兰等。各种植物花卉依其自身特征被赋予了各种品质、气质和寓意，即都寄予了一定的精神内涵，如牡丹的繁荣富丽，梅花的刚健不曲，莲花的清秀廉洁，菊花的幽贞高雅，兰花的朴实无华，翠竹的刚劲挺拔等，这些都增强了明式家具的高雅气质。

（二）飞禽走兽类雕饰图案

以纹样形象表示，也就是将一些动植物的自然属性、特性等延长并引申，这是吉祥图案中最为常见的手法，最为典型的是龙、凤、麒麟吉祥图案。主要有各种龙凤纹和其他一些鸟兽纹，大都选取人们崇拜喜爱之物，其中龙凤纹尤为突出。龙的形象集中了许多动物的特点，是英勇、权威和尊贵的象征，不仅被民间看作是神圣、吉祥、吉庆之物，更被历代帝王视为皇室御用吉祥图案。常见题材形式主要有螭龙纹、螭虎纹、双龙戏珠纹、云龙纹、拐子龙、草龙以及各种凤纹等。其他鸟兽纹主要有麒麟纹、狮纹、鹿纹、鹤纹、喜鹊纹等。麒麟外形为：龙头、狮眼、虎背、身体像麝鹿，尾巴似龙尾状，全身龙鳞是仁慈和吉祥的象征，同时民间还有“麒麟送子”之说，因而麒麟成为人们心目中极为喜爱的祥瑞之物。

植物花卉类雕饰图案（1）

植物花卉类雕饰图案（2）

植物花卉类雕饰图案（3）

飞禽走兽类雕饰图案（1）

飞禽走兽类雕饰图案（2）

（三）吉祥主题类雕饰图案

这类题材的图案寓意大都比较雅逸超脱，颇有文儒高士之意趣，更增强了明式家具的高雅气质，主要有方胜、如意、云头、盘长、万字、龟背、曲尺、连环等图案。

吉祥主题类雕饰图案（1）

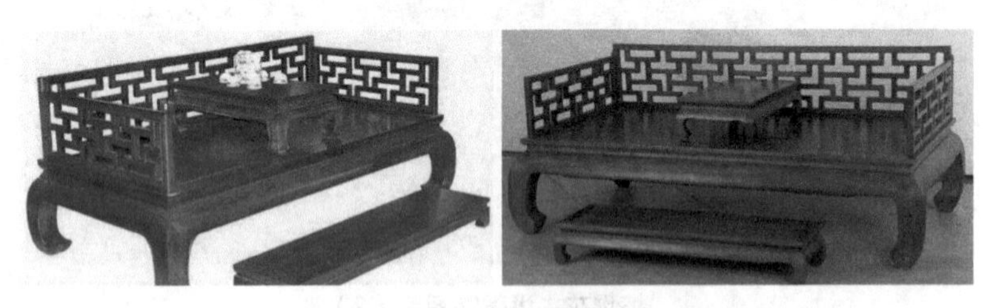

吉祥主题类雕饰图案（2）

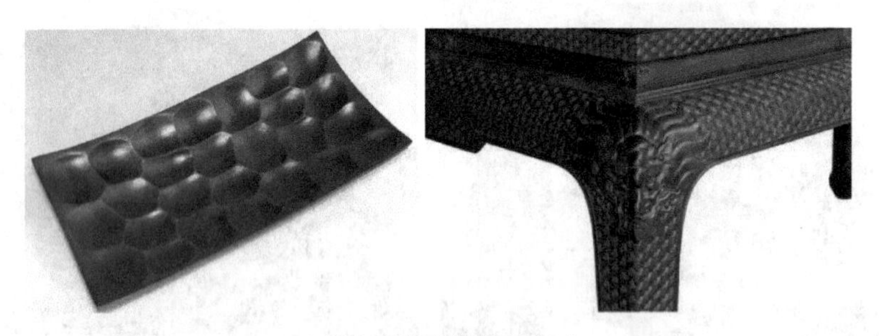

吉祥主题类雕饰图案（3）

（四）吉祥组合类雕饰图案

这种雕饰图案采用了组合构图的形式，即将不同题材的图案组合在一起，形成一幅具有吉祥寓意的图案。主要有双龙捧寿、凤穿牡丹、喜鹊登梅、六鹤同春、麒麟少师以及将福、禄、寿等富有吉祥意义的形象和文字组织到图案里。

吉祥组合类雕饰图案（1）

吉祥组合类雕饰图案（2）

吉祥组合类雕饰图案（3）

（五）几何类雕饰图案

主要有一些浮雕或透雕的几何纹以及各种攒接的几何图案，如波纹、灵格纹、回纹、绳纹、什锦纹以及各种几何云纹等。

几何类雕饰图案（1）

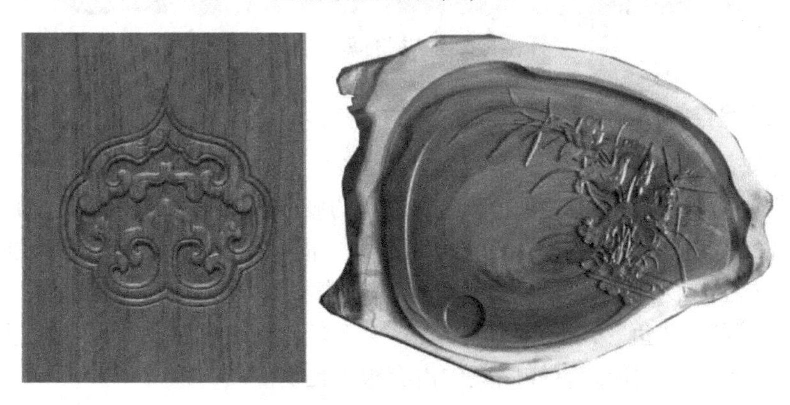
几何类雕饰图案（2）

（六）故事类吉祥图案

此类构图较为复杂，场面较大，一般用于屏风、门扇和大型柜类上，题材以历史传说、神话故事为主，如八仙过海、群仙祝寿、二十四孝图，以及来自《三国演义》《封神演义》《红楼梦》等历史名著中的故事。

故事类吉祥图案（1）

故事类吉祥图案（2）

故事类吉祥图案（3）

（七）谐音类吉祥图案

中国的方块汉字往往是一个读音对应几个汉字，这便为谐音双关提供了广阔的天地，所以古人常常利用读音的相同和相近来达到一定的修辞效果，表现在家具上是各类谐音吉祥图案的出现和运用。例如，蝙蝠的“蝠”谐音“福”，所以各类以蝙蝠为题材的传统吉祥图案便在家具上广泛使用，两只蝙蝠围着一个团寿字，寓意着福寿双全；“瓶”与“平”谐音，寓意“平安”；“鱼”谐音“余”，是“年年有余”的意思。所以，通过谐音法形成的谐音类吉祥图案在中国传统吉祥图案中占有很大比例。

蝙蝠谐音“福”

鱼谐音“余”

谐音类吉祥图案

（八）其他雕饰图案

除以上提及的雕饰图案外，还有山石、人物、流水、村居、楼阁等风景题材及各种各样的仿古纹饰以及西洋纹饰等，归为其他类雕刻图案。

其他雕饰图案（1）

其他雕饰图案（2）

课后作业

以家具装饰图案为题，收集研究相关资料，制作一份以8类雕刻图案分类的家具装饰图案PPT，并进行汇报讲解。

第二部分

数控雕刻教程

学习目标：

熟悉精雕软件（JDPaint 软件）工作原理，掌握软件使用，并能进行数控雕刻图案设计。

学习任务：

JDPaint 软件应用，完成教材的案例制作。

模块一 精雕软件简介（概述）

学习目标：

熟悉精雕软件（JDPaint 软件）工作原理、软件工作界面。

学习任务：

JDPaint 软件运用，软件工具基本操作。

精雕软件简介

本教材所讲家具数字化加工技术（数控雕刻）所用软件是 JDPaint 软件。JDPaint 软件是国内最早的专业雕刻软件，是 CNC 数控雕刻系统正常运作的保证，也是有效提高 CNC 雕刻系统使用效率和产品质量的源泉。目前，JDPaint 已由较为单一的雕刻设计加工软件，逐步成为面向 CNC 产品加工的一整套解决方案。随着 JDPaint 5.0 以上版本软件推出，JDPaint 已经构建成为一个强大的开放性 CAD/CAM 软件产品开发平台，在此平台上，形成了一个具有专业特色的、功能更为全面丰富的 CAD/CAM 软件产品家族。其应用从传统的雕刻如标牌、广告、建筑模型、家具雕刻到工业雕刻的如滴塑模、高频模、小五金、眼镜模、紫铜电极等制作应用领域。

关于家具雕刻，其设计与制作过程从下图可知：

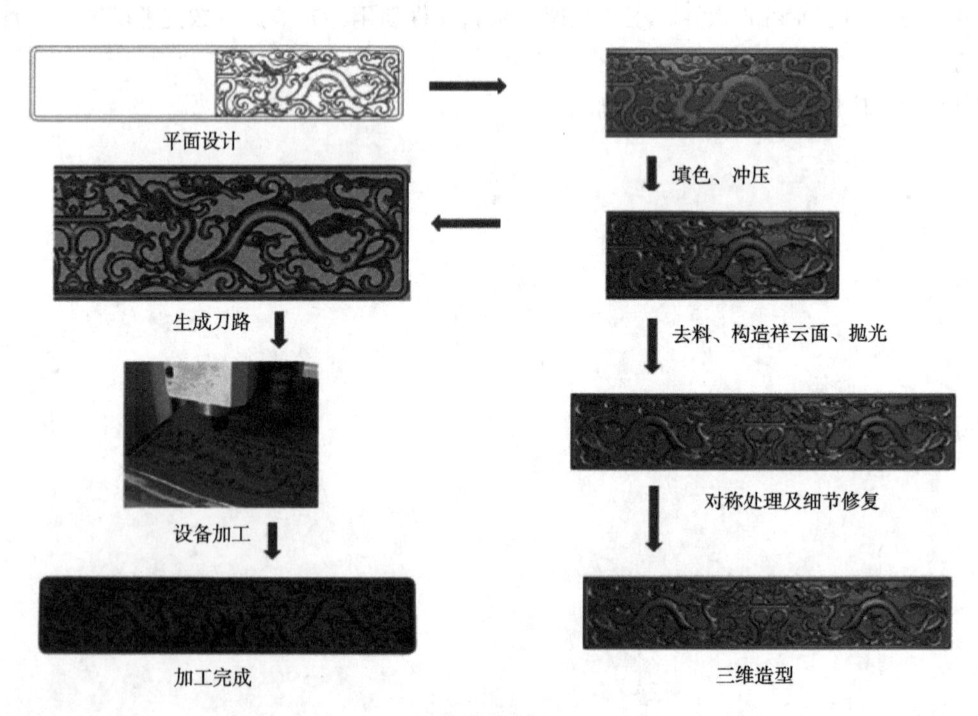

雕刻流程图

JDPaint 的操作界面：

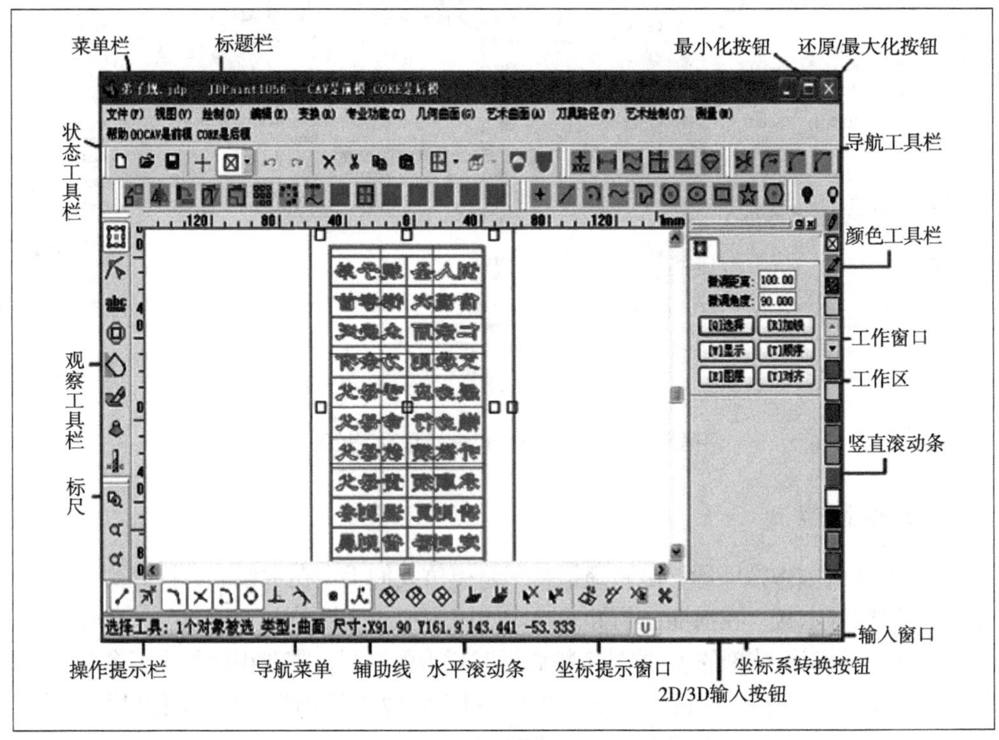

JDPaint 的操作界面

一、平面设计

平面设计即平面图案设计，也就是常说的描线稿。在 JDPaint 中，常通过主菜单中的文件、视图、绘制、编辑、变换及其下拉菜单中的命令完成。

文件(F)　视图(V)　绘制(D)　编辑(E)　变换(R)

平面设计用到的 JDPaint 主菜单

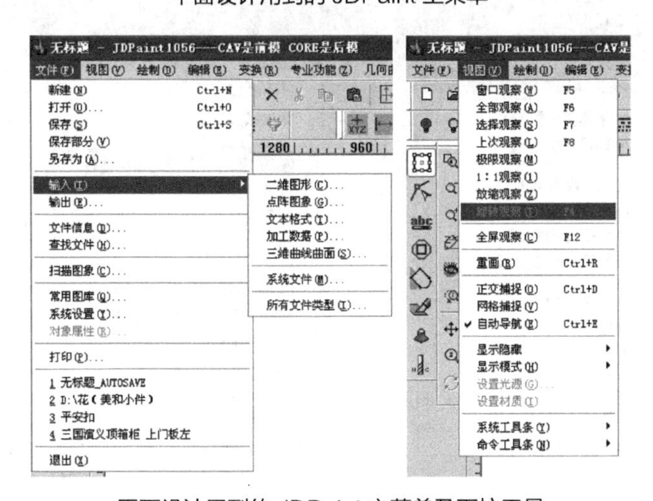

平面设计用到的 JDPaint 主菜单及下拉工具

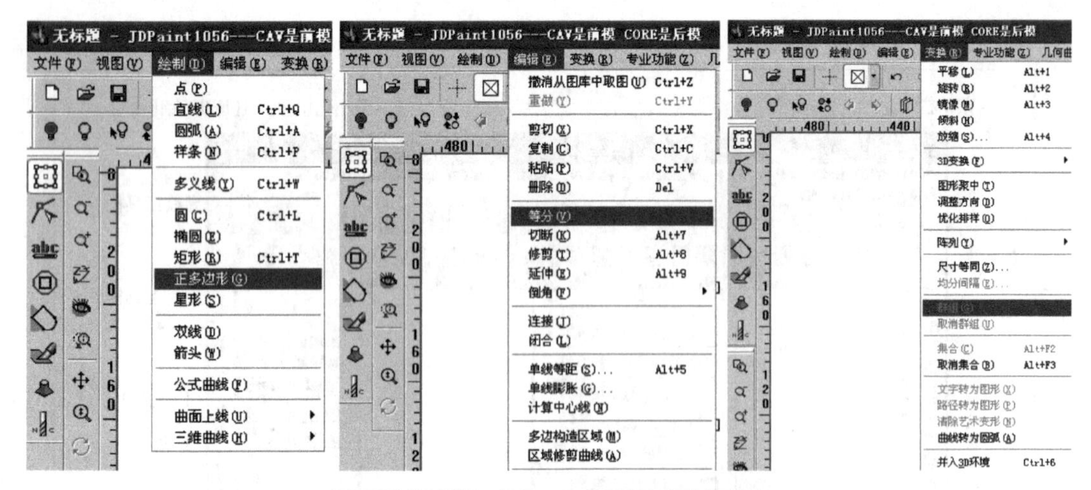

平面设计用到的 JDPaint 主菜单及下拉工具

二、三维造型

三维造型即电脑虚拟雕塑，电脑虚拟雕塑是模仿我们手工在木板上进行雕刻，故建立一既定尺寸、厚度的木板，在前面已描好的封闭线稿内不同区域填上不同颜色以区分（电脑是根据色彩进行区分模拟雕刻的）。这是个精心耗时耗力的过程，需要用到的主要命令有：新建模型、冲压、填色、去料、堆料、祥云、抛光，对称处理及细节修复等。工作界面如下图：

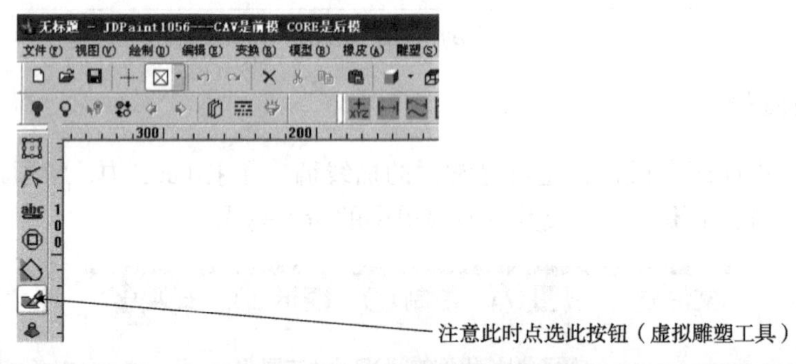

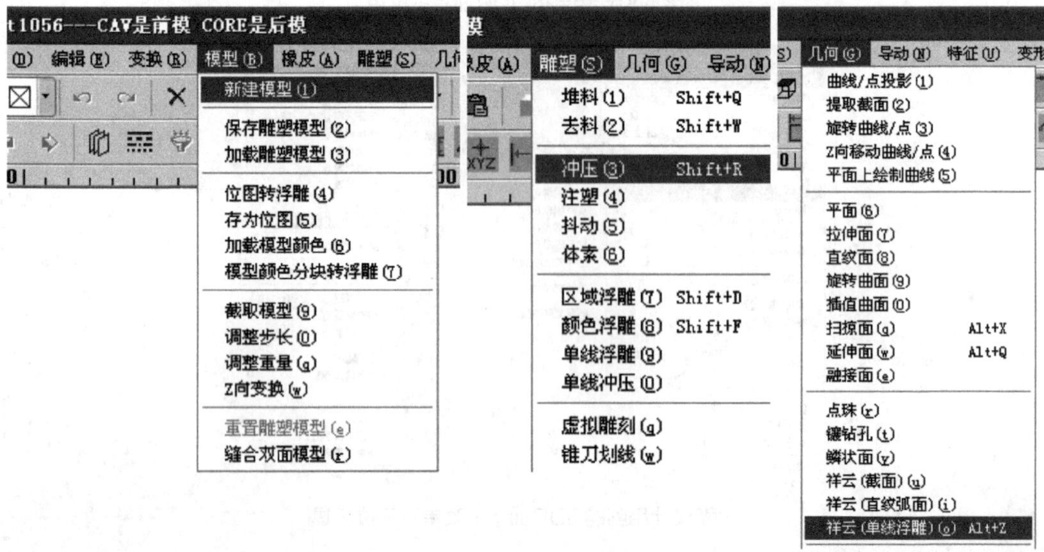

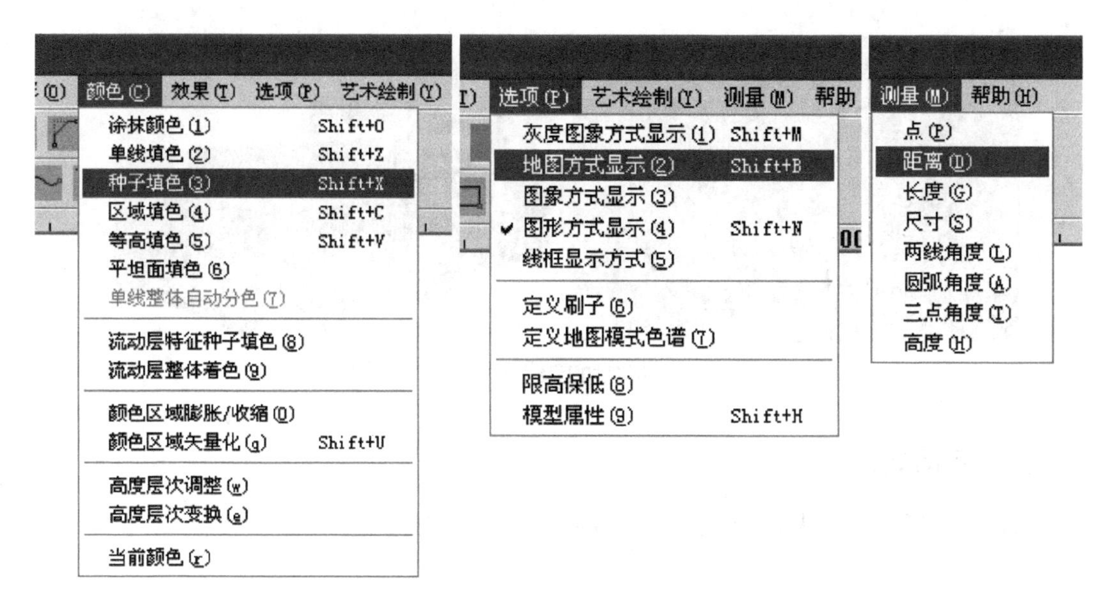

三维造型用到的 JDPaint 主菜单及下拉工具

三、生成刀路

生成刀路是将虚拟雕塑的设计方案转换成雕刻的数控数据，简单地说就是雕刻路径，也有称之为刀路（雕刻刀行走的路线）。雕刻机雕刻的方式是去料的方式，即用调整旋转（可达 400 转 /s）的雕刻刀切屑去除多余的木料，余下的木料形成雕刻图案。

根据前期设计，雕刻加工，平面木雕种类一般有线雕、浮雕、阴雕等。

生成刀路的命令有：刀具路径、路径向导、输出刀具路径等。

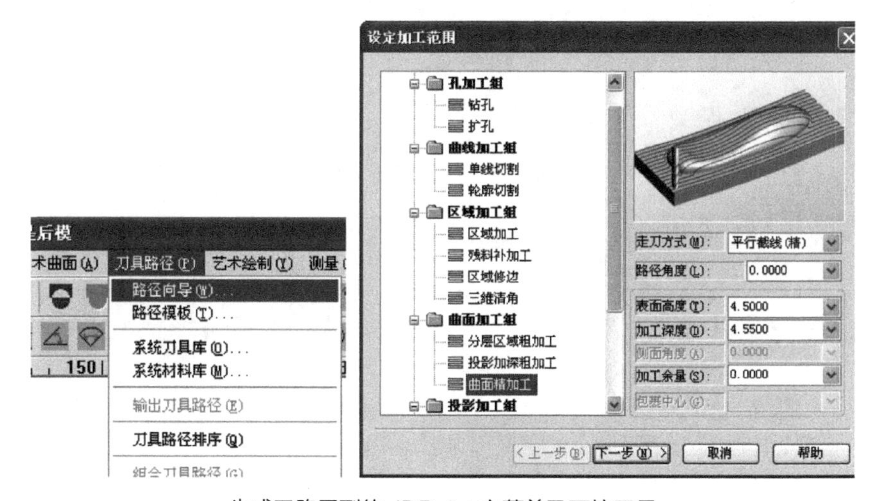

生成刀路用到的 JDPaint 主菜单及下拉工具

四、设备加工

此过程为雕刻机操作应用过程，即雕刻作业。将刀具路径拷到雕刻机控制电脑，转入精雕控制软件，安装雕刻板件，调整对刀（加工起点），设备加工，过程监控等。

雕刻加工及雕刻机

五、后期处理

卸板，砂纸打磨（从粗到细有 120~1000 号）、刮刀处理等。

模块二 平面作图

学习目标：

掌握平面作图工具的运用。

学习任务：

运用平面作图工具描线、多义线、编辑等工具。

平面作图

平面作图是精雕的第一步，也是关键的一步，若平面作图（描线）没做好，会影响后期的填色，导致虚拟雕塑无法正确进行。描线分为自主创作性描线作图和输入灰度图或照片进行描线作图。平面作图首先确定是在“图形选择工具”状态下，如下图：

图形选择工具状态是系统常规工作状态。在该状态下，可以进行常规的对象选取、绘图、编辑、变换、构造曲面、生成加工路径等操作。

配合导航工具栏作平面图。导航工具栏能引导用户进行与当前状态或操作相关的工作，是 JDPaint 系统中十分重要的工具栏之一。状态工具栏中的不同工具，都有不同的导航工具栏与之相对应。该导航工具栏会包含一些与当前工具相关的常用基础命令。

在 JDPaint 界面，系统处于图形选择工具状态时，位于界面右侧导航工具栏的状态如下图所示。

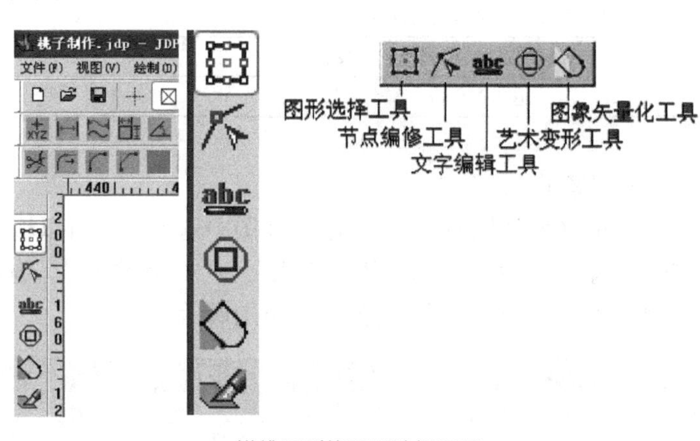

描线用到的图形选择工具

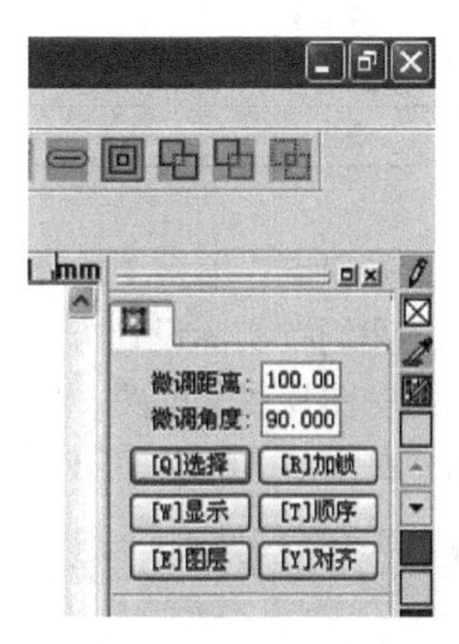

微调距离

调整“微调距离”可对平面图案或模型进行准确的移动，调整“微调角度”可进行准确的转动、移动平面图案或模型。

一、文件

在 JDPaint 中，对文件的操作是标准的 Windows 系统方式。JDPaint 所提供的许多基本文件输入输出命令也都采用 Windows 系统的命令方式。

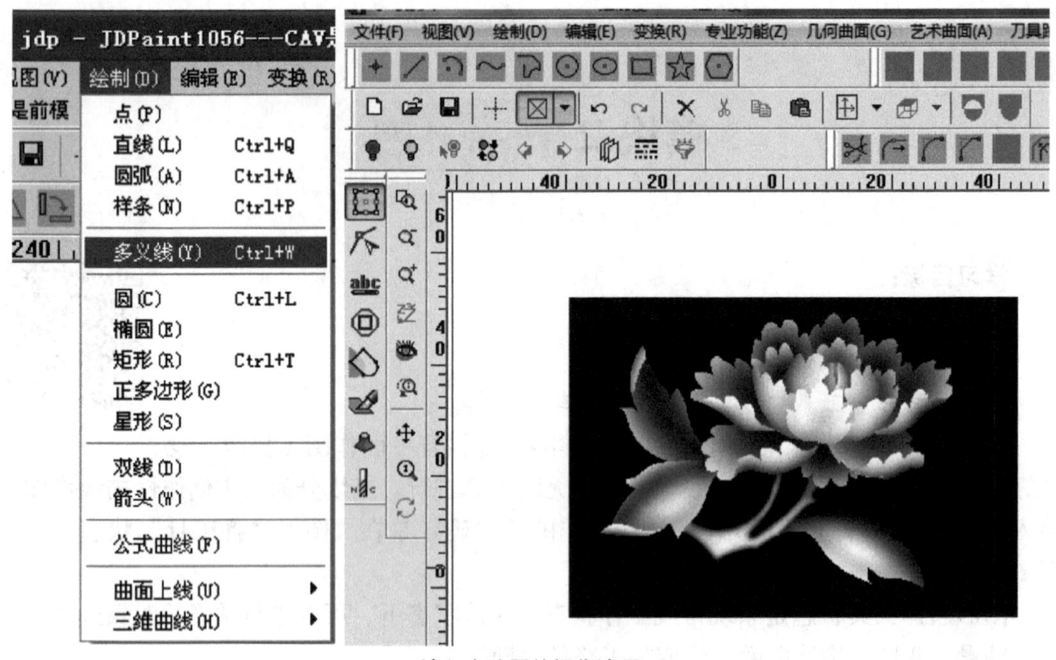

输入点阵图的操作流程

新建	新建一个 JDPaint 文件（*.jdp）。
打开	打开一个已保存的 JDPaint 文件。
保存	保存当前编辑的 JDPaint 文件。
另存为	将当前编辑的 JDPaint 文件另外保存为一个文件。
文件信息	查看或编辑当前文件的相关信息。
查找文件	通过文件的相关信息查找文件。
退出	退出 JDPaint 编辑系统。

知识点：输入（二维图形、点阵图像）

我们在实际设计方案中，最常用的平面作图过程可以从 CAD 图中输入，也可以输入拍摄的图片或灰度图，再进行描图。输入 CAD 格式的图用“输入”→“二维图形”，输入格式是 JPG、BMP、TIF 等的可以用“输入”→“点阵图像”，如下图所示。

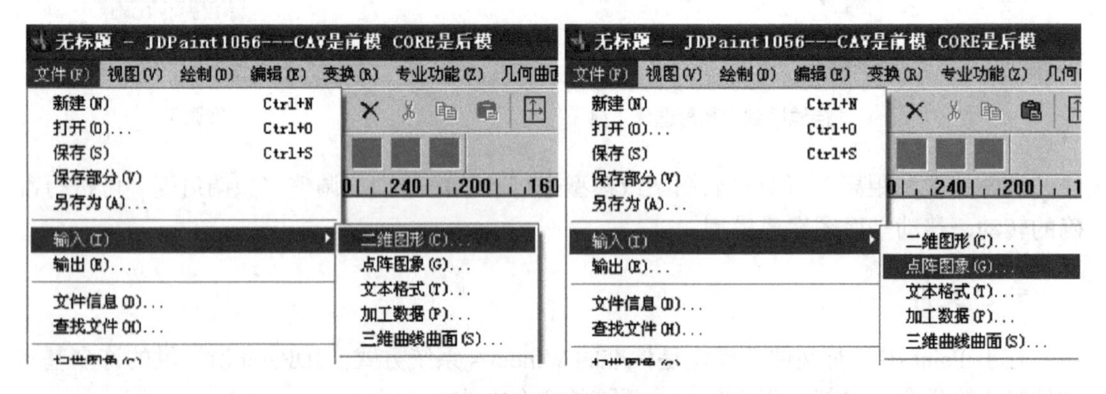

输入点阵图的操作流程

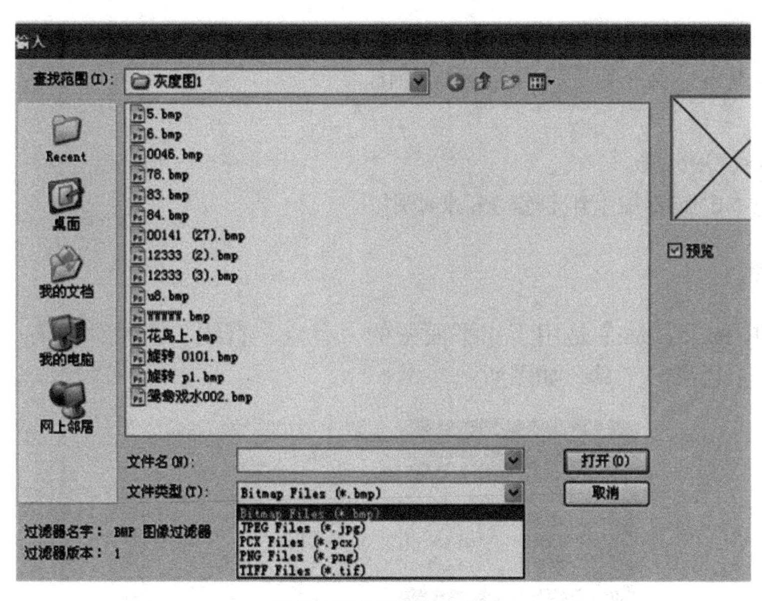

输入点阵图的操作流程

二、视图

由于显示屏幕大小的限制，绘图过程中往往无法看清整个图。为了清楚地观察一个图形的细微部分或者一个图形的全貌，须放大图形的局部或者缩小图形显示，这时，图形的大小比例并没有发生变化，变化的只是图形的显示范围。同样图形显示的移动也并不是图形本身坐标位置的移动。JDPaint 提供的大量图形观察命令主要集中在“视图”菜单中，如图所示。

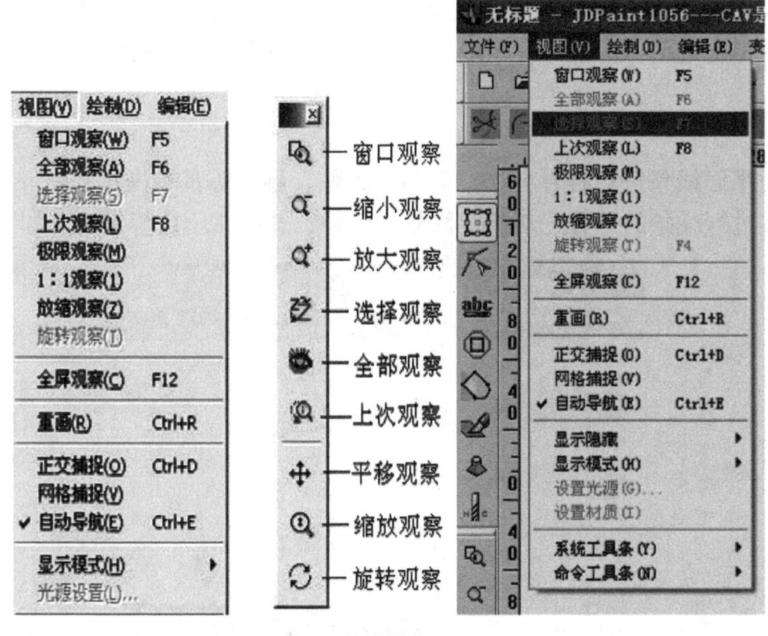

视图操作

在 JDPaint5.21 版本中，还增加了两项常用的下拉命令：系统工具条、命令工具条。操作者可自行点击体会，观察工作界面的变化。

知识点

全部观察命令按 F6。

对于笔记本电脑要加上组合键 Fn 来使用。

三、绘制

“绘制”中的下拉命令是用于作平面图的，有点、直线、圆弧、样条、多义线、圆、椭圆、矩形、多边形等工具。如图所示。

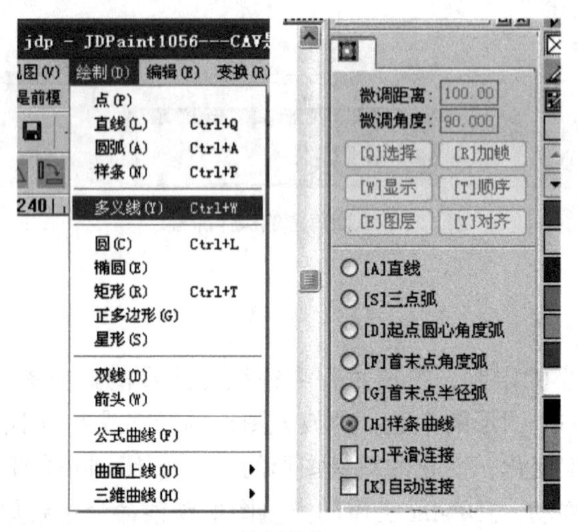

绘制操作

在实际设计过程中，绘制最常用的是“多义线”，当选用“多义线”后，会在右边的导航工具条中弹出选项，如上图。一般作图选择“样条曲线”进行作图。

四、编辑

编辑即对平面线条进行各种剪切、复制、粘贴、删除等基本操作，另外，主要是对所绘制平面图案进行线条的等分、切断、修剪、延伸、连接、闭合等编辑。如下图所示。

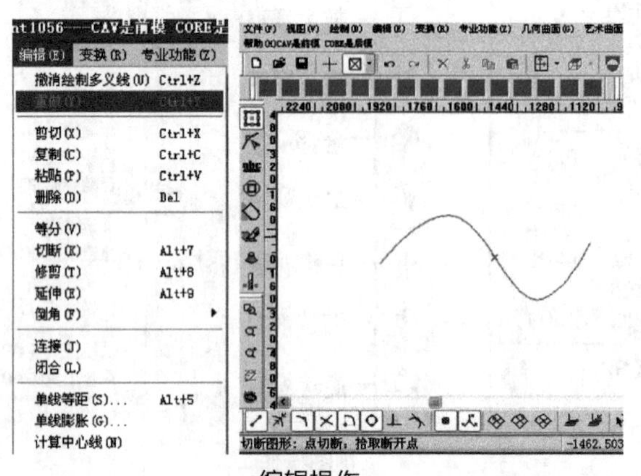

编辑操作

知识点：编辑中最常用的命令是切断、修剪、延伸。操作者可使用其快捷键（即点开命令在右边显示的组合键，如：Ctrl+7 即为“切断”）。

五、变换

变换是针对平面图进行平移、旋转、镜向、倾斜、放缩等操作的。变换下拉命令的选用是所需变换的图形在已选的状态才可以使用。如下图所示。

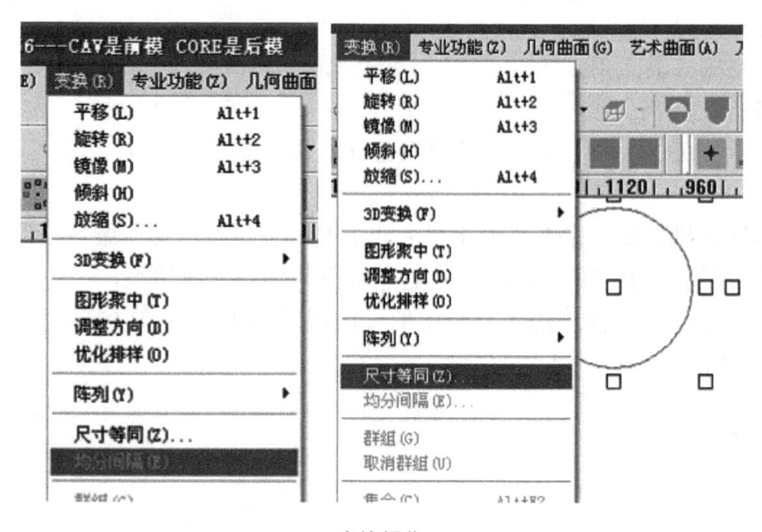

变换操作

模块三 虚拟雕刻

学习目标：

熟悉虚拟雕刻工具运用。

学习任务：

使用填色、冲压、去料、堆料、祥云、磨光、细节处理等工具。

虚拟雕刻即三维造型，是在平面描线完成的基础上进行虚拟三维造型设计，这个过程需要操作者对自然事物有空间思维，能通过精雕软件实现三维造型。

在实际操作过中，选择左边工具栏中的“虚拟雕塑工具”，在屏幕左下角显示“虚拟雕塑工具”，如下图所示：

虚拟雕刻用到的工具

注意：此时，主菜单也随之变化，体现的内容有“模型、橡皮、雕塑”等。如下图所示：

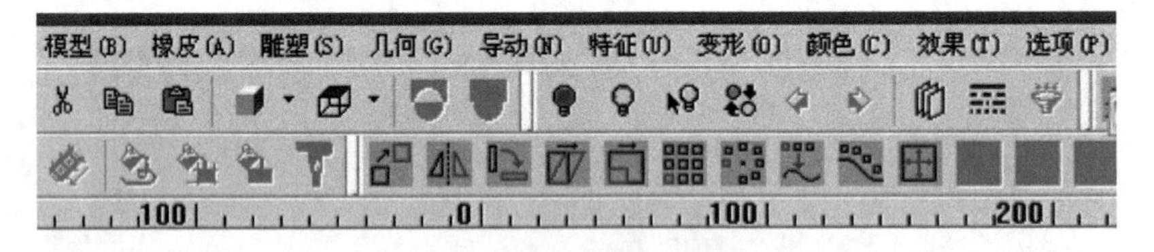

虚拟雕刻用到的工具

在学习过程中，主要用到命令如下：模型—新建模型—确定；颜色—单线填色 / 种子填色；雕塑—冲压；雕塑—去料 / 堆料；效果—磨光。在制作过程中注意根据需要随时切换正交（Ctrl+D），切换运用测量工具（测量—距离），切换地图方式或图形方式（选项—地图显示方式或图形显示方式）。

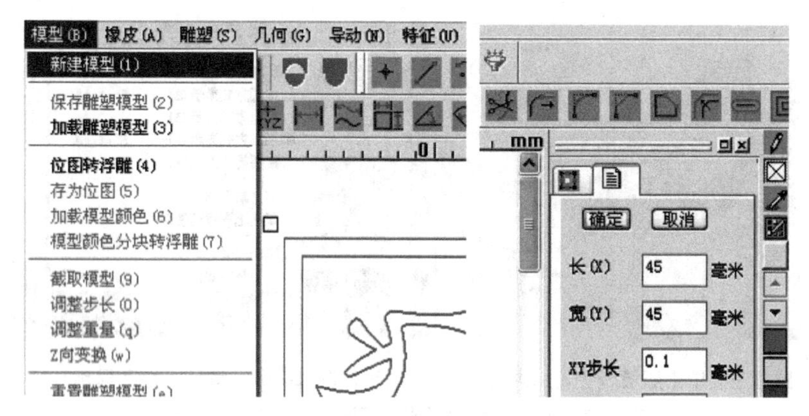

模型—新建模型—确定

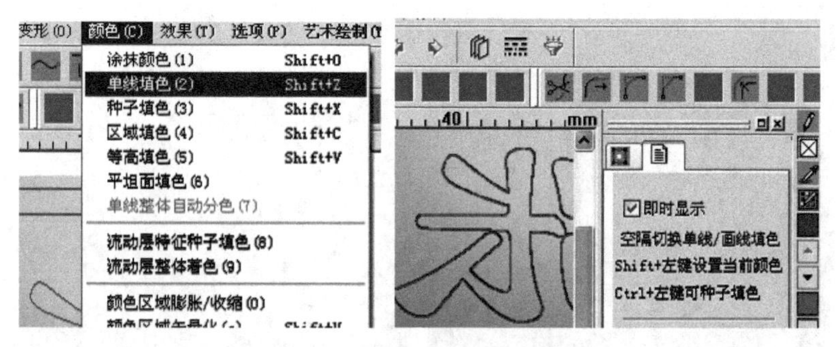

颜色—单线填色（鼠标单击线条。注意不能选黄色，因为当前色为黄色，没法区分）

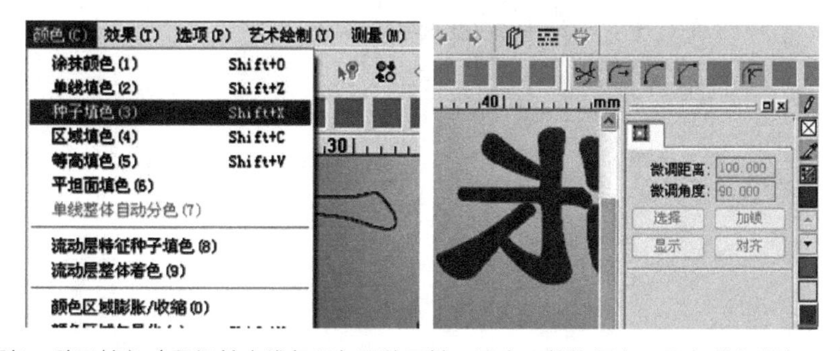

颜色—种子填色（鼠标单击线条所包围的区域。注意不能换颜色，即与线条颜色一致）

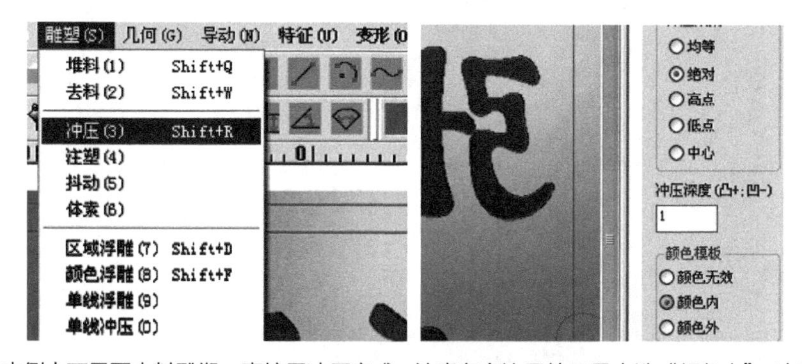

雕塑—冲压（本例中不需要去料雕塑，直接用冲压完成，注意在右边导航工具中选“颜色内”，冲压深度填“1”）

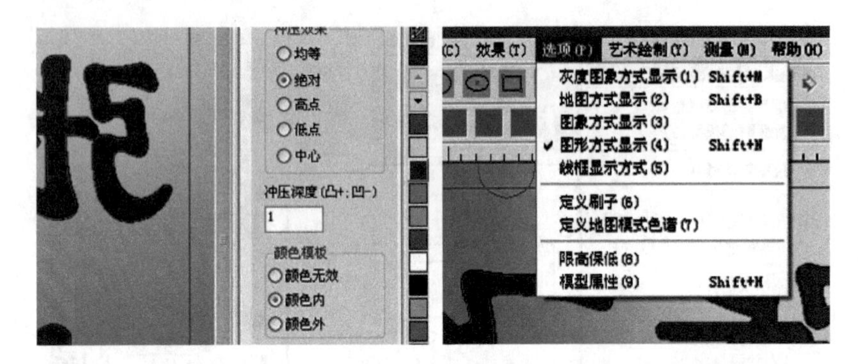

鼠标左键单击所填颜色，即冲压起“1”厘米，选择命令：选项—地图显示方式，方可看到效果是否已形成，可按“E”键隐藏线条

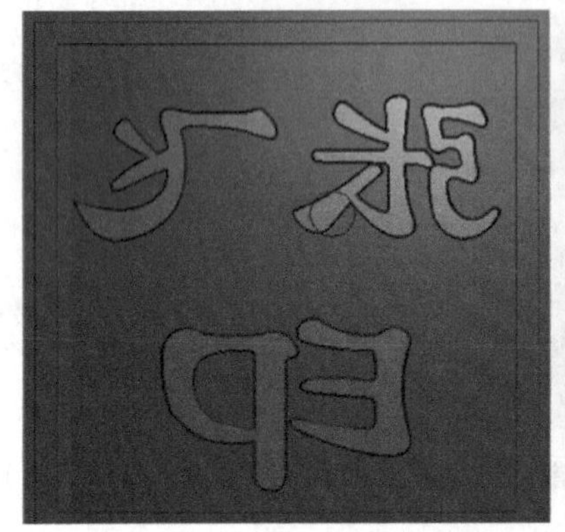
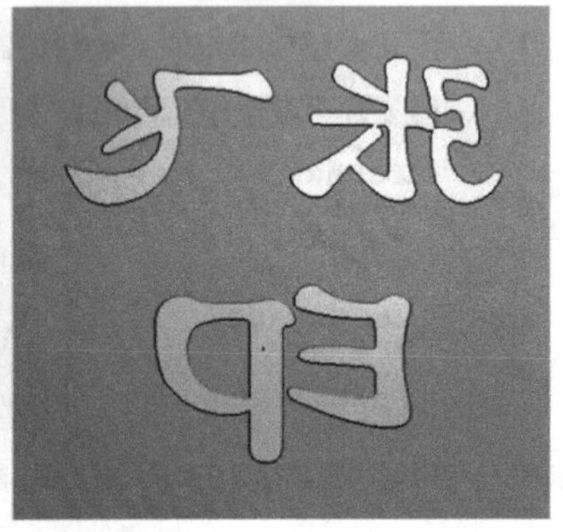

完成效果（本例无需磨光处理）

模块四 生成刀路

学习目标：

掌握刀具路径的设计制作。

学习任务：

数控刀具路径的设计制作，路径的输出操作。

雕刻路径即将设计制作完成的虚拟三维造型转换雕刻机执行程序。在精雕过程中，生成路径前关键的一步，是要将做好的三维造型进行 Z 向变换，也就是将造型的高点变为“0”，而雕刻是去料加工，是向下雕刻，去掉的部分为负数。如下图所示。

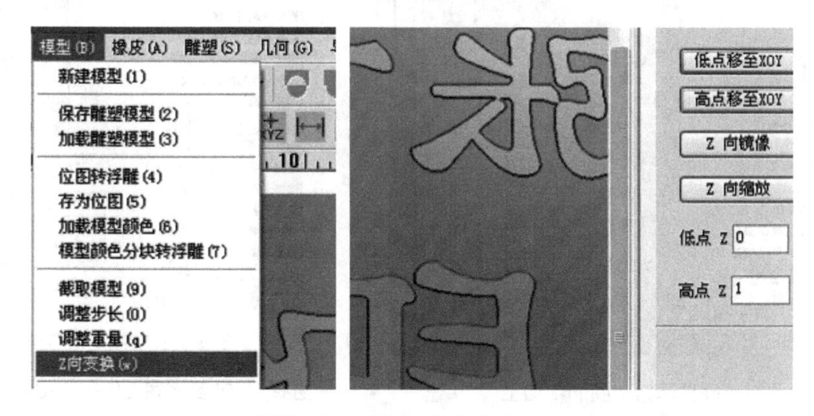

模型—Z 向变换—高点移至 XOY

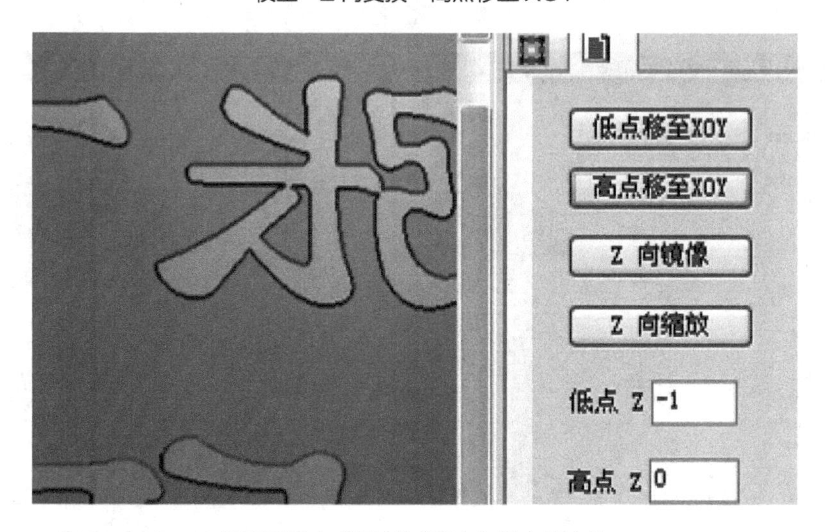

注意两图中“低点”“高点”数字的变化

转换好后，可以开始制作刀具路径了。单击，操作界面变成二维编辑状态。如下图所示。

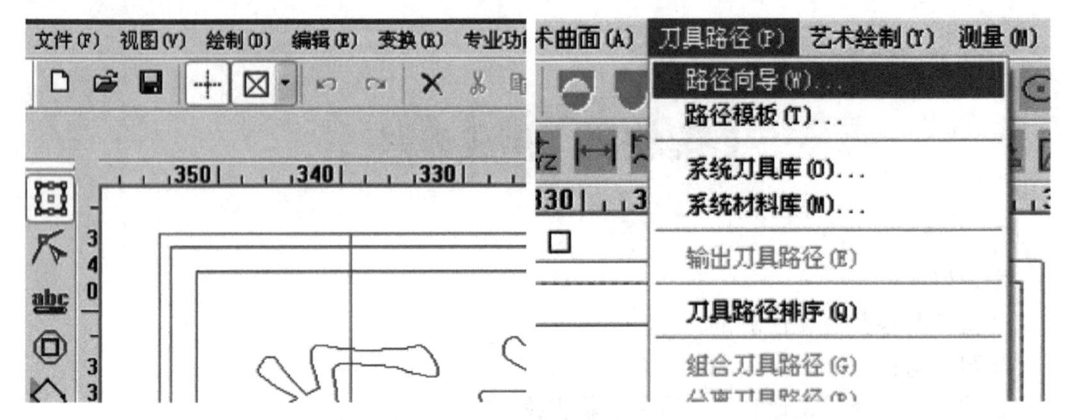

选择制作好的三维造型，选择命令：刀具路径—路径向导

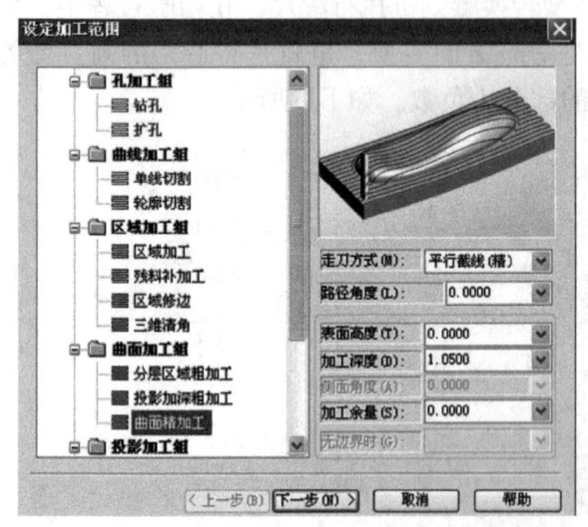

跳出对话框，此时正确显示为“曲面精加工”，单击“下一步”

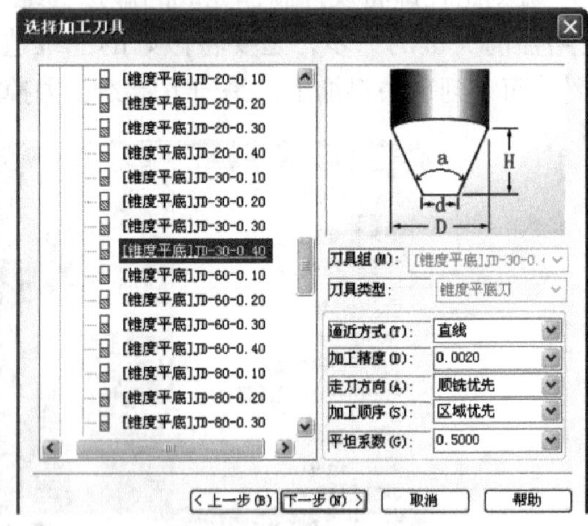

选择“[锥度平底]JD-30-0.40”，单击“下一步”

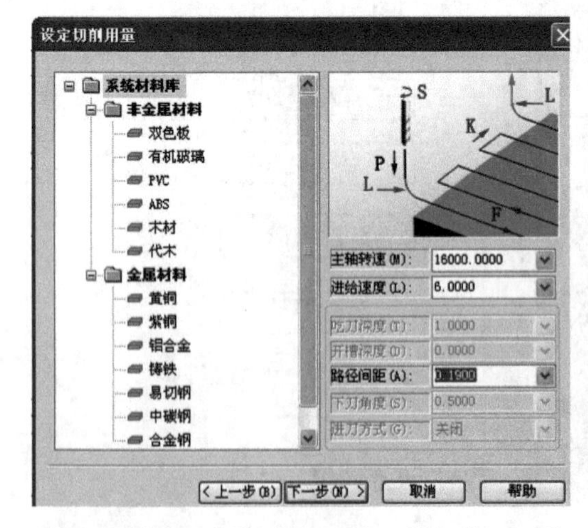

修改“路径间距”为“0.1900”，单击“下一步”

单击“进刀方式”，选择“关闭进刀”，单击“完成”

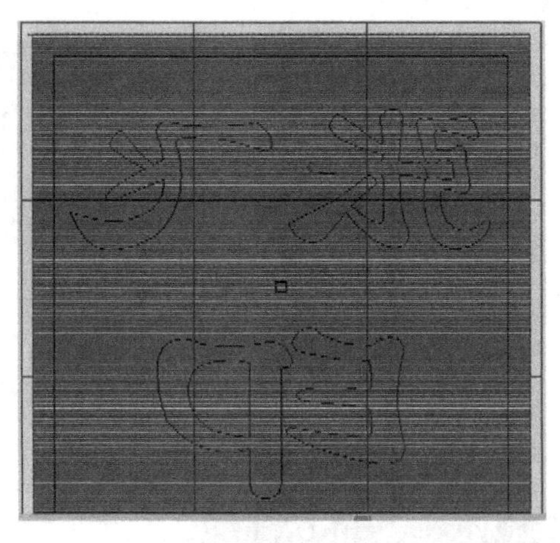
完成效果

此时，需将做好的路径输出，生成路径如下图所示。

填写文件名

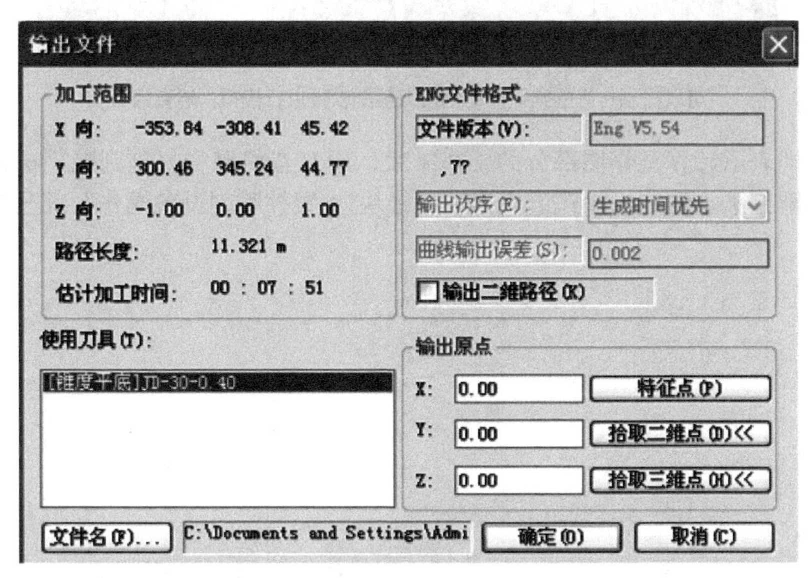

单击保存，跳出“输出文件”界面，单击“拾取二维点”

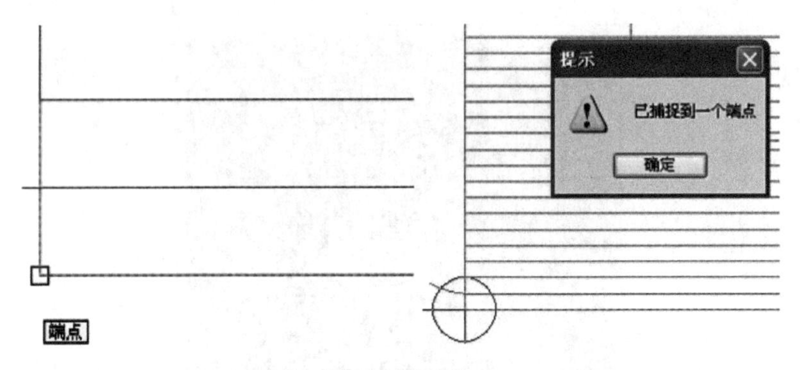

单击“确定”

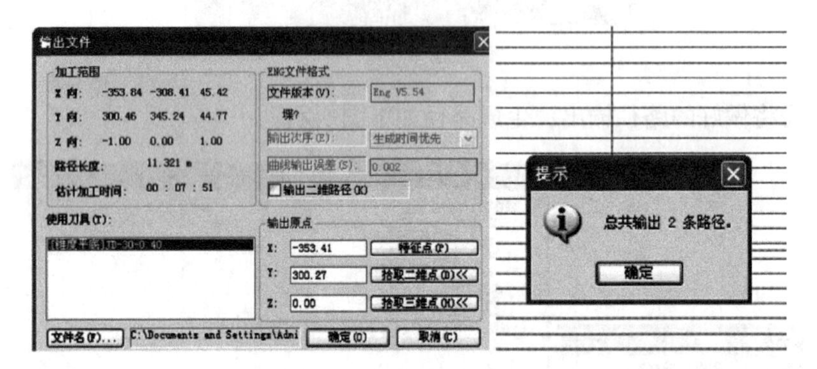

单击两个“确定”，完成刀具路径制作

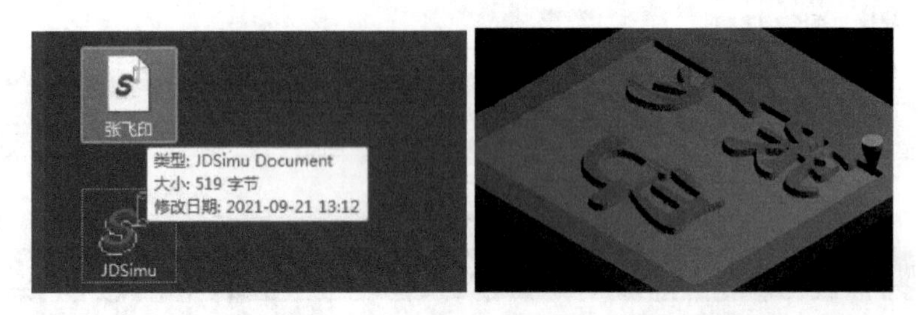

可以将制作好的路径拖动到模拟雕刻软件进行模拟，检查效果

这时，即表示计算机作图部分的工作结束，用 U 盘将路径复制到雕刻机控制计算机就可以进行雕刻了（雕刻机操作的内容在“模块六 数控雕刻设备操作”部分会进行详细介绍）。

模块五 精雕图设计案例

学习目标：

熟悉精雕软件的各种操作，能进行方案设计。

学习任务：

完成以下案例的设计图，每人上机雕刻一件作品并打磨。

案例一　私人印章设计制作

步骤 1：打开精雕软件（JDPaint）。

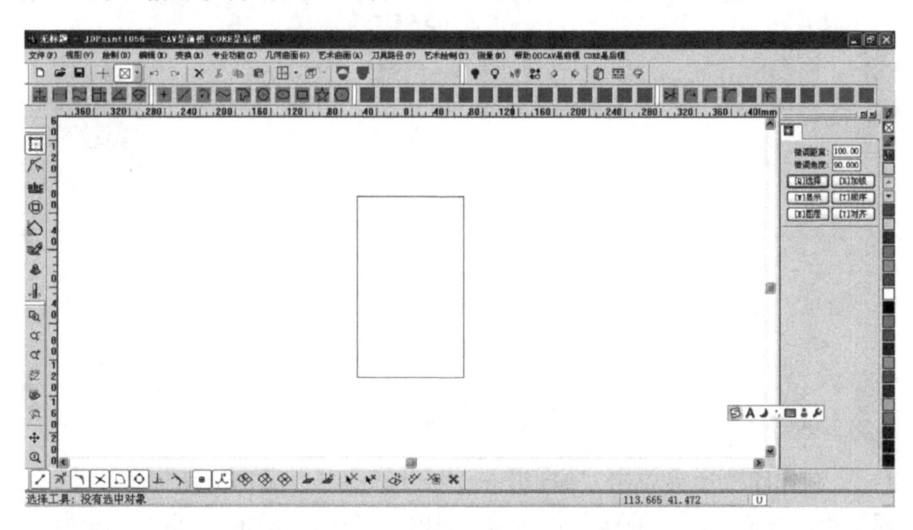

步骤 2：在工作界面中心绘制一个直角矩形。

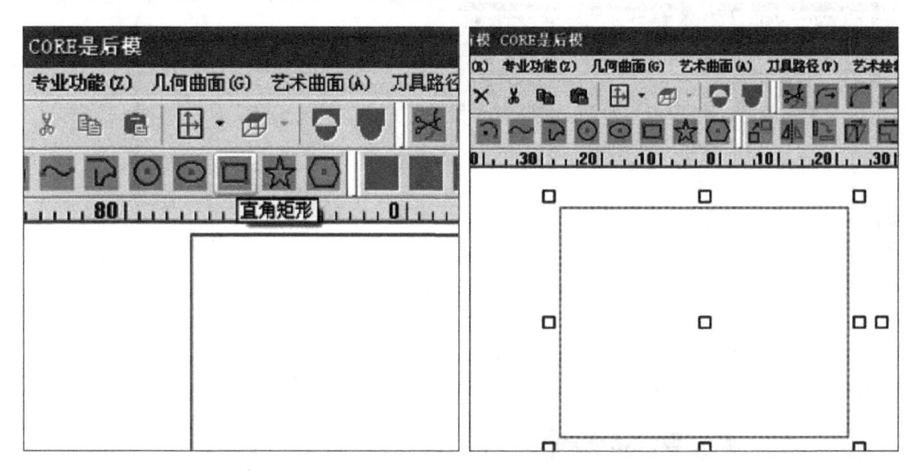

步骤 3：单击“变换—放缩”，跳出对话框，修改尺寸为 30×30，单击“确定”。

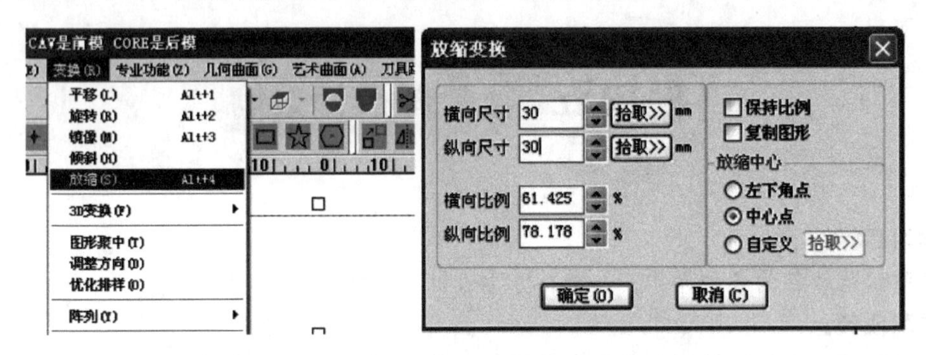

步骤 4：滚动鼠标滚轮，将工作界面调整合适的大小进行作图。

注意：若需移动画面，则需左手按下 Shift 键，同时右手按住鼠标滚轮不松开，移动鼠标即可实现工作画面整体移动。

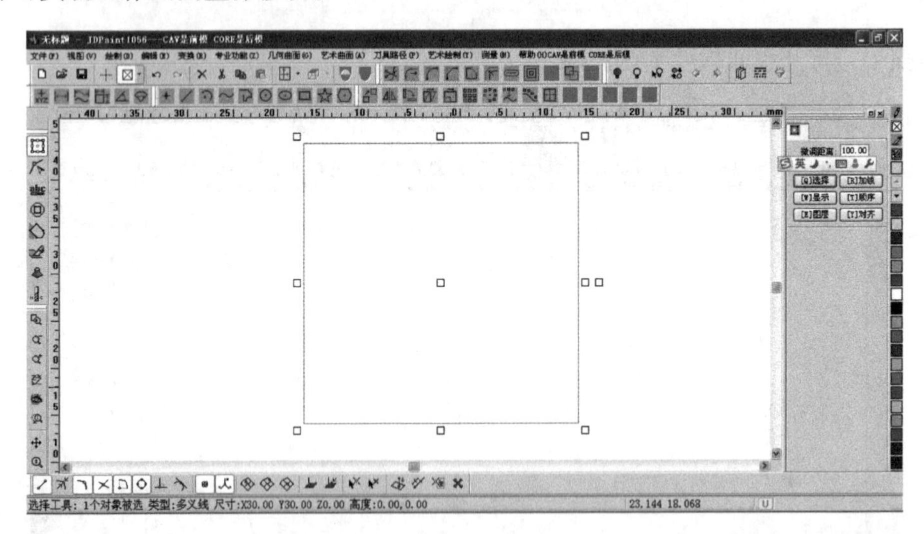

步骤 5：制作印章边界单击“编辑”—“区域等距”，跳出对话框（注意，要先选择对象），偏移距离改成“2”，偏移方向选择“向内”，单击“确定”，得两个矩形。

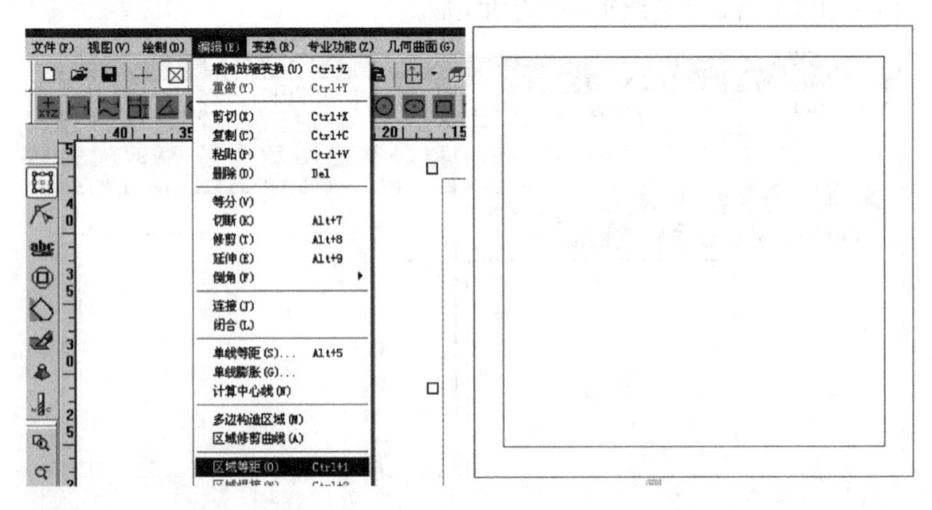

步骤 6：打字，单击左边工具栏“abc”，在右边导航栏中选择字体，并点选“应用于整个字串”。

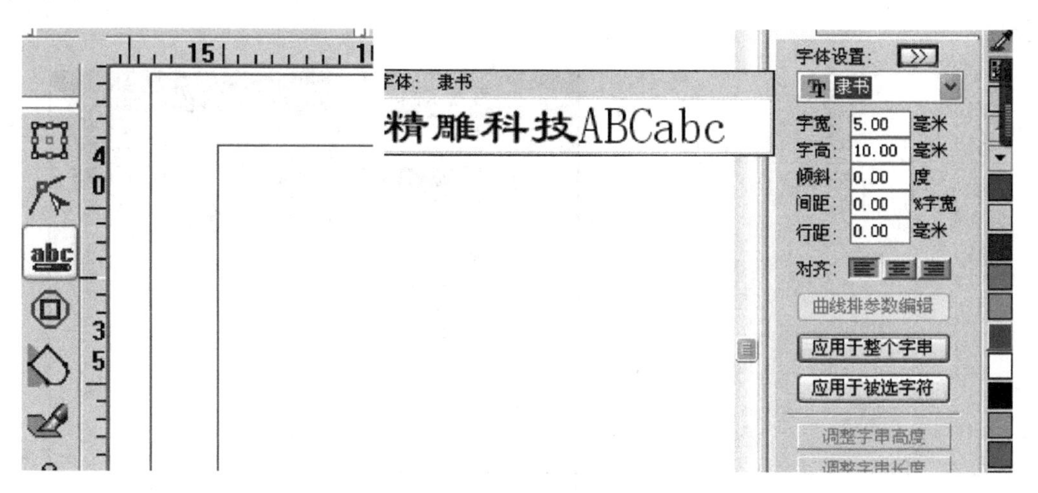

步骤 7：输入“张飞”，单击“选择工具”，再输入“印”，然后单击“选择工具”（注意是分两部分进行输入，方便后面进行移动排版）。

步骤 8：将文字属性转为图形，选择文字，点击“变换”—文字转图形，如下图所示。

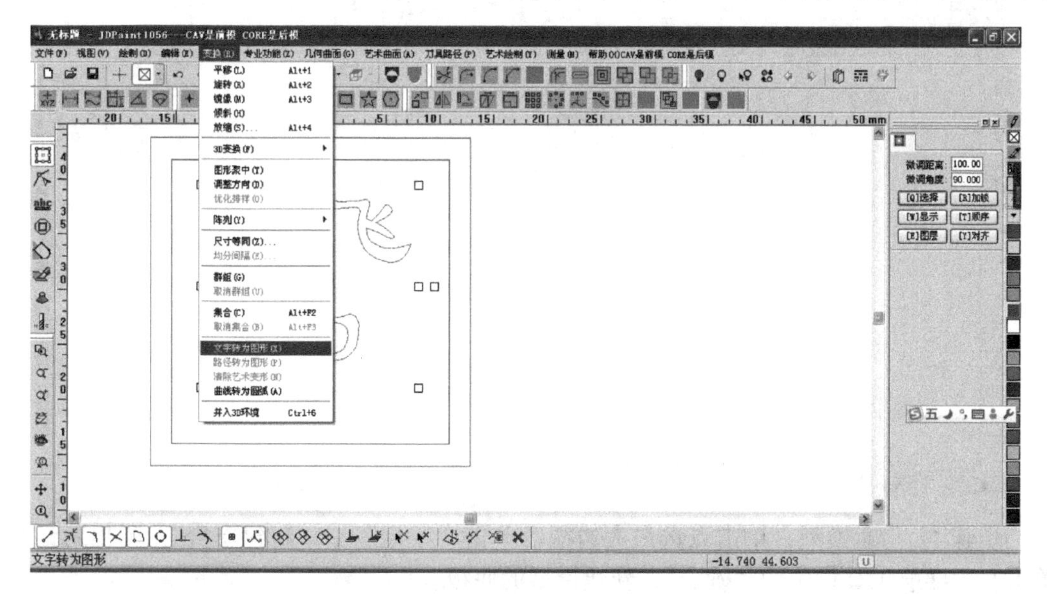

步骤 9：用“移动”“对齐”“放缩”“镜向”等命令对文字进行调整。注意，“镜向”要选“单个镜向”（在正交点选状态下），需要操作者耐心调整。至此，平面绘图部分已完成。

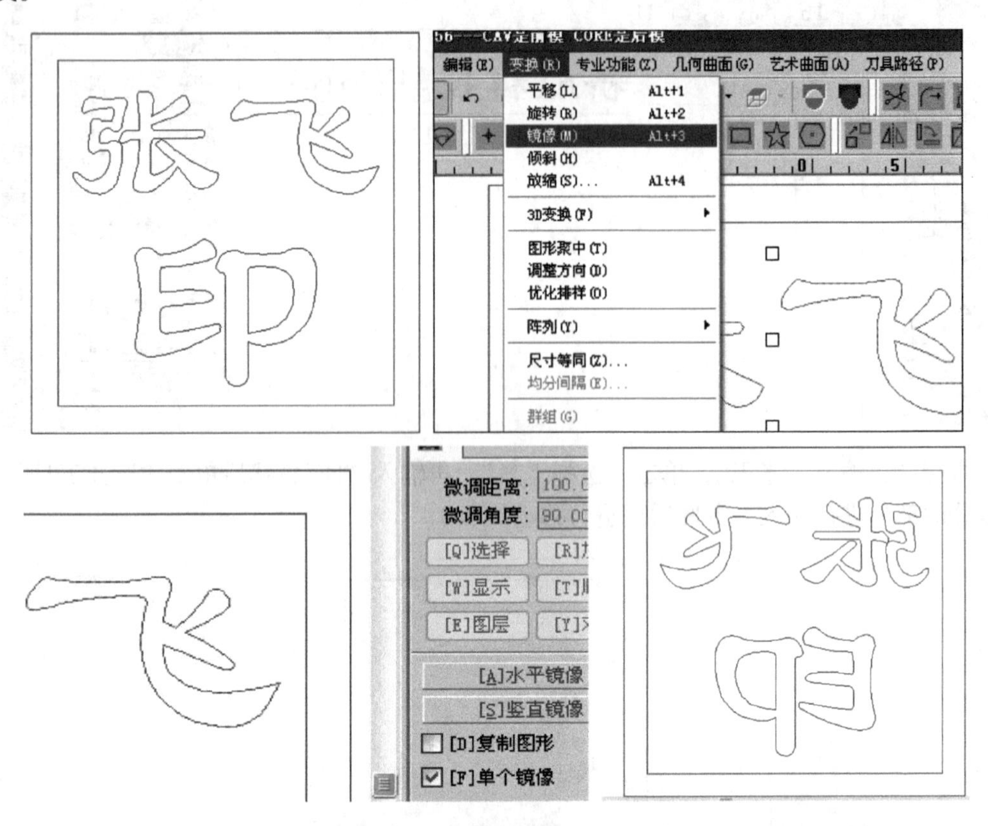

步骤 10：单击选择左边工具栏中“虚拟雕塑工具”按钮，工作界面改变。

步骤 11：建模型，单击点选最大边框，单击“模型”—“新建模型”，弹出对话框，单击右边导航工具栏中的“确定”，新建模型的底板。

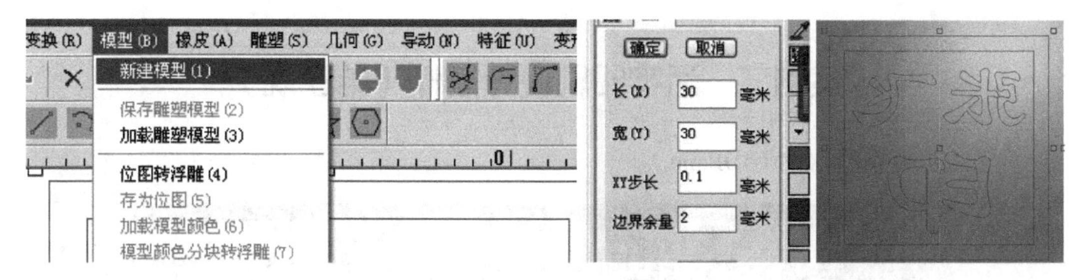

步骤 12：填色，单击“颜色”—“单线填色”，单击颜色栏中的蓝色或其他颜色（不可用黄色，因为当前色是黄色，无法区分），单击矩形边框和文字，即给所有线条填上蓝色。

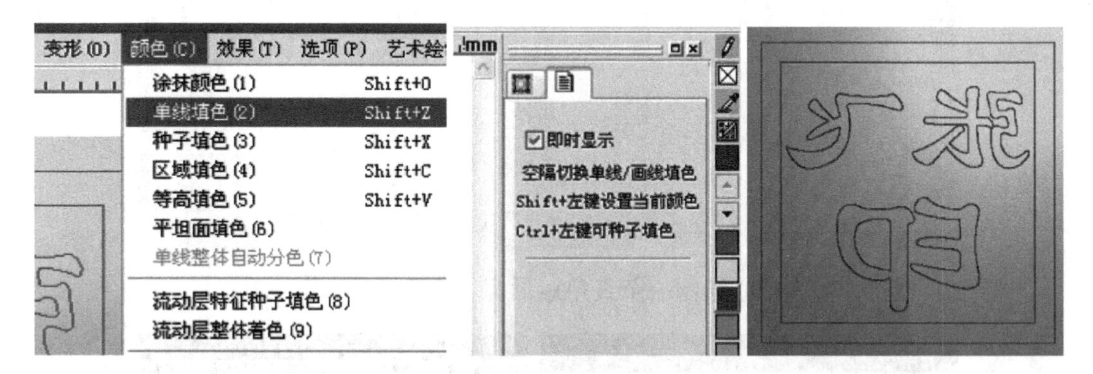

步骤 13：填色，单击“颜色”—“种子填色”，单击两个矩形之间的空白处，单击文字线条空白处。注意：不小心填错其他位置可按 Z 键可返回上一步。填色效果如下图所示。

步骤 14：冲压，单击“雕塑”—“冲压”—“颜色内”—“冲压深度”（修改为 2），单击图像中蓝色部分，此时，已将蓝色突起，但是在彩色状态下看不到。单击“选项”—“地图方式显示”，即可看出有立体感的凸起效果，印章凸起为 2mm，印章方案作图部分至此已完成，路径部分此处不展开介绍，后面的内容中有专门讲解。完成方案如下图所示。

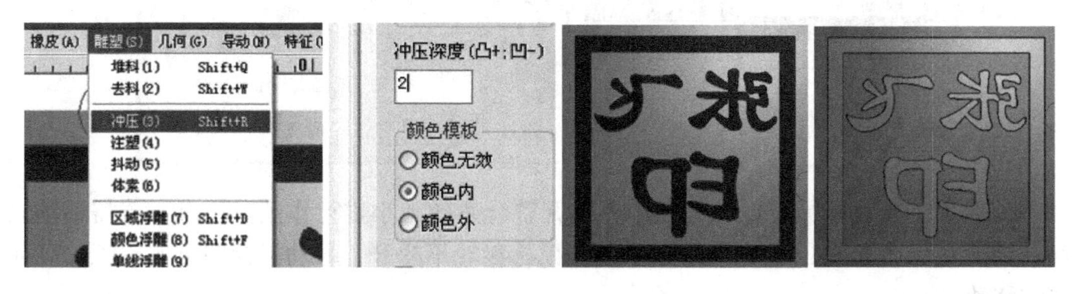

案例二　活字印刷设计制作（弟子规）

步骤 1：打精雕软件（JDPaint）。

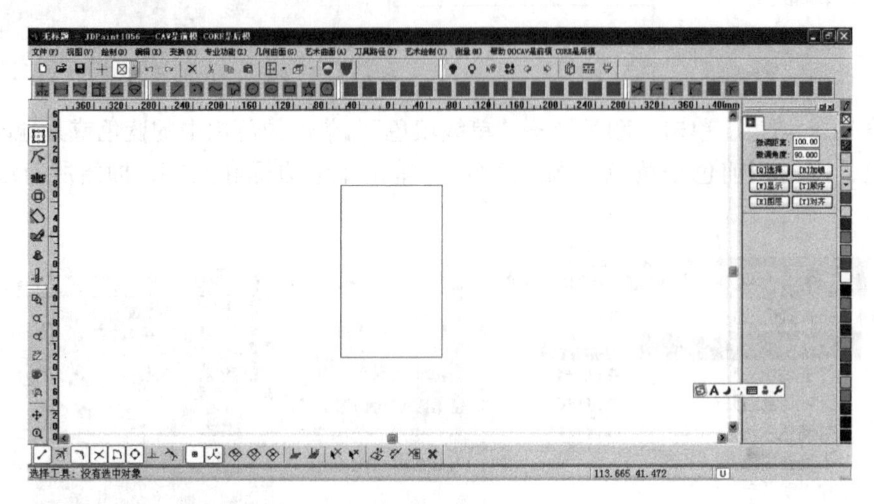

步骤 2：在工作界面中心绘制一个直角矩形。

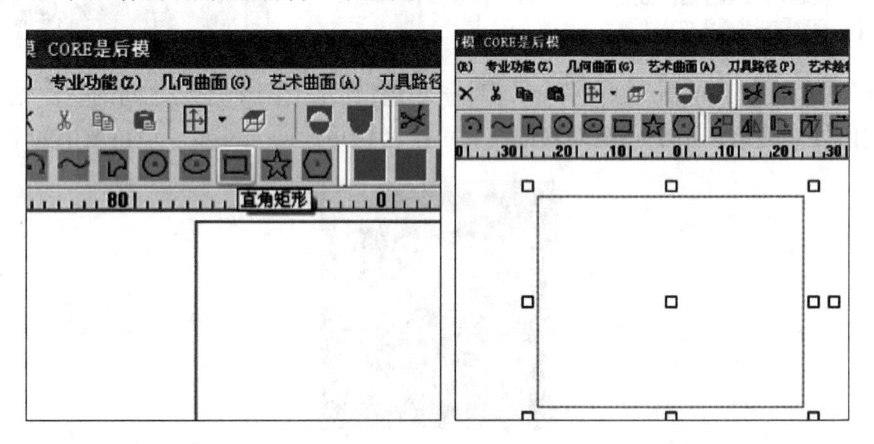

步骤 3：单击“变换”—“放缩”，弹出对话框，修改尺寸为 140×100，单击“确定”。

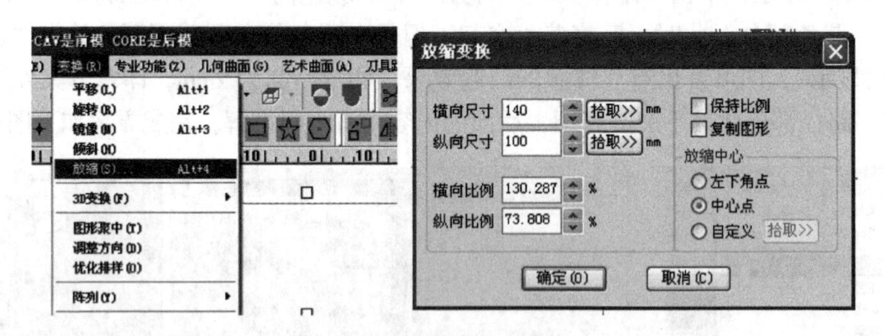

步骤 4：滚动鼠标滚轮，将工作界面调整合适的大小进行作图。注意，若需移动画面，则需左手按下 Shift 键，同时右手按住鼠标滚轮不松开，移动鼠标即可实现工作画面整体移动。

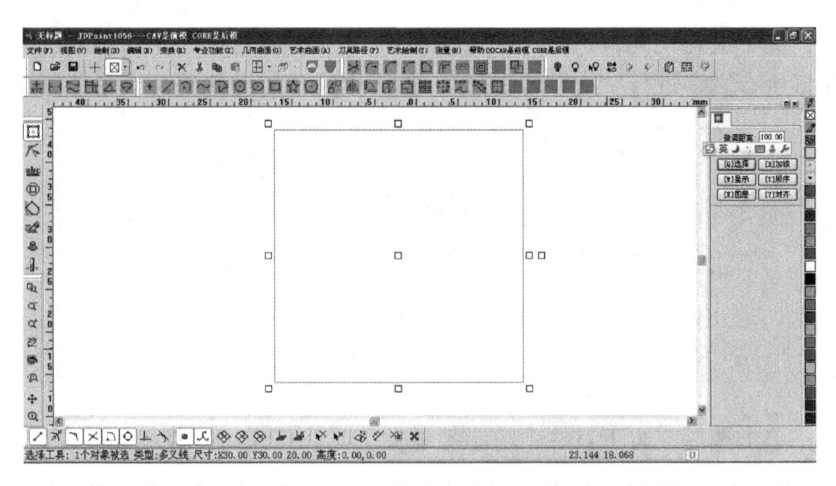

步骤 5：打字，单击左边工具栏“abc”，在右边导航栏中选择字体，并点选“应用于整个字串”。

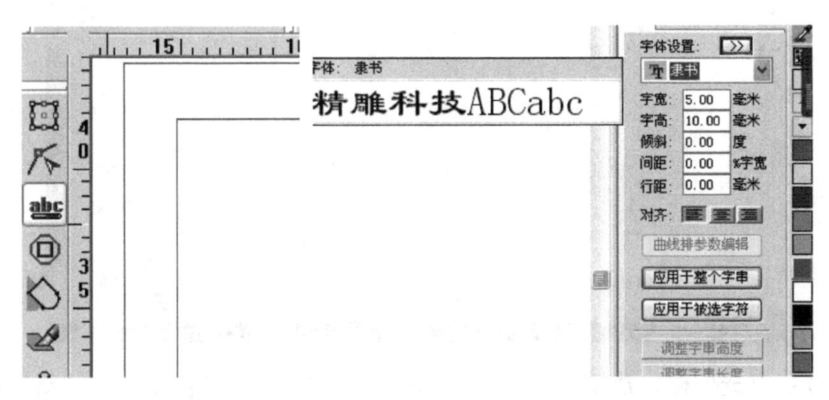

步骤 6：输入“弟子规”，单击“选择工具”，进行移动排版，要用到放缩、对角线放大、对齐等操作，可在现场老师指导下进行。

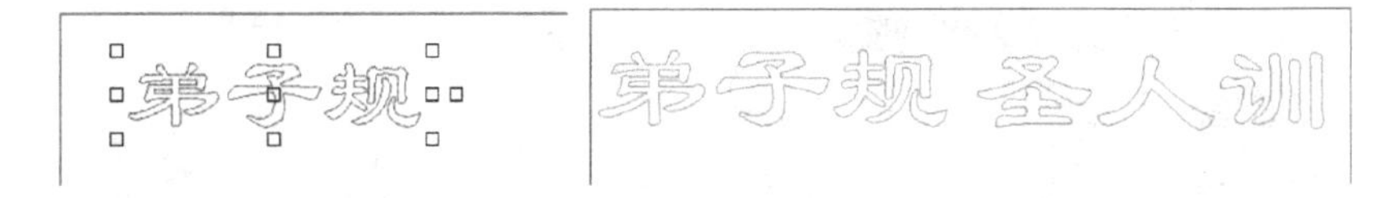

步骤 7：继续输入文字，排版编辑，用到复制、尺寸等同、测量，对齐等操作，注意先确定文字位置，再进行替换。将文字整齐排列，注意字间距、单个字内的笔画宽度不能小于 1mm，在现场老师的演示下进行绘制，如下图所示。

弟子规 圣人训
弟子规 圣人训
弟子规 圣人训
弟子规 圣人训
弟子规 圣人训

弟子规 圣人训
首孝悌 次谨信
泛爱众 而亲仁
有余力 则学文
父母呼 应勿缓

步骤 8：文字进行镜向，选择“单个镜向”（在正交点选状态下），需要操作者耐心自行调整，并将所有文字进行“文字转图形”，如下图所示（至此平面绘图部分已完成）。

步骤 9：单击选择左边工具栏中“虚拟雕塑工具”按钮，工作界面改变，见下图。

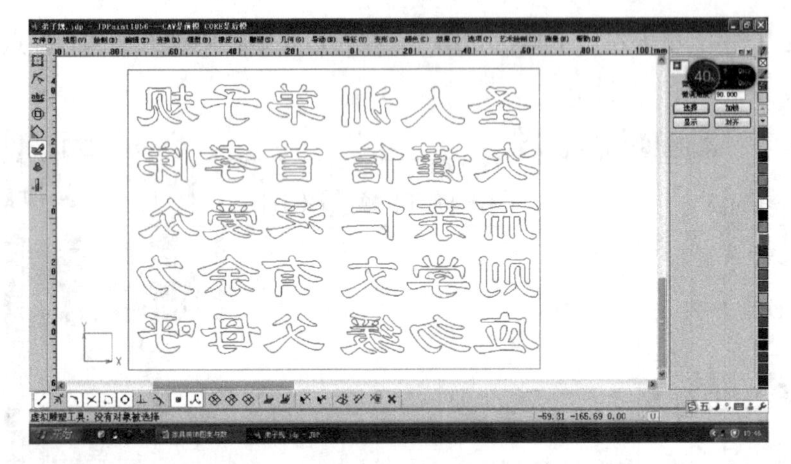

步骤 10：点选外框，建模型，单击点选最大边框，单击“模型”—“新建模型”，弹出对话框，单击右边导航工具栏中的“确定”，新建模型的底板，如下图所示。

步骤 11：填色，单击“颜色”—“单线填色”，单击颜色栏中的蓝色或其他颜色（不可用黄色，因为当前色就是黄色，无法区分），单击矩形边框和文字，即给所有线条填上蓝色，如下图所示。

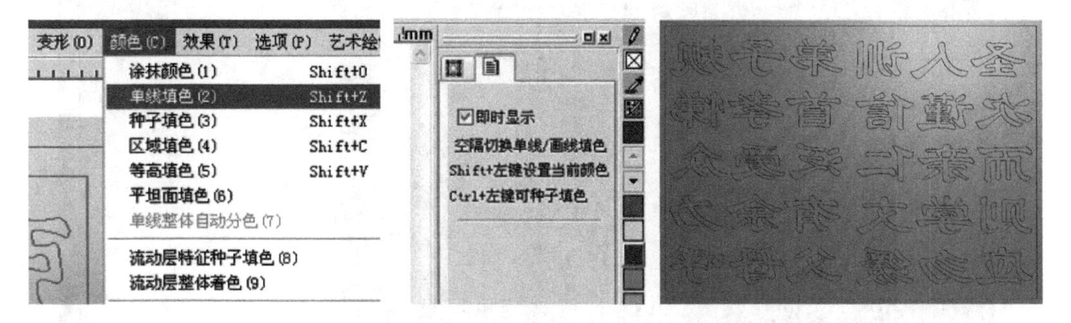

步骤 12：填色，单击“颜色”—“种子填色”，单击两个矩形之间的空白处，单击文字线条空白处。注意：不小心填错其他位置可按 Z 键回复。填色效果如下图所示。

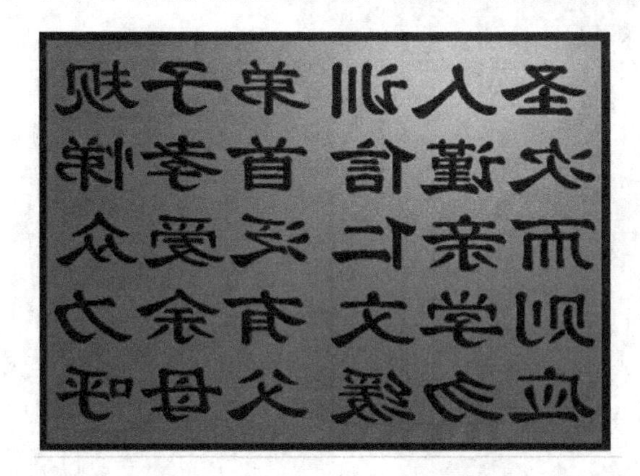

步骤 13：冲压，单击“雕塑”—“冲压”—“颜色内”—“冲压深度”（修改为 2），单击图像中蓝色部分，此时，已将蓝色突起，但是在彩色状态下看不到。单击“选项”—“地图方式显示”，即可看出有立体感的凸起效果，文字、边框凸起为 2mm，方案作图部分至此已完成，路径部分此处不展开介绍，后面的内容中有专门讲解。完成方案如下图所示。

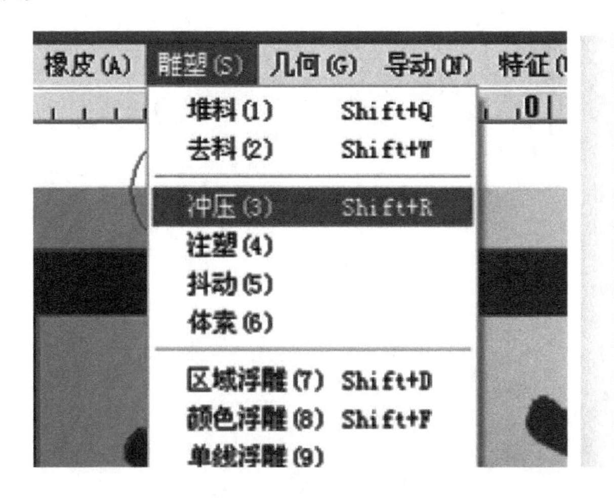

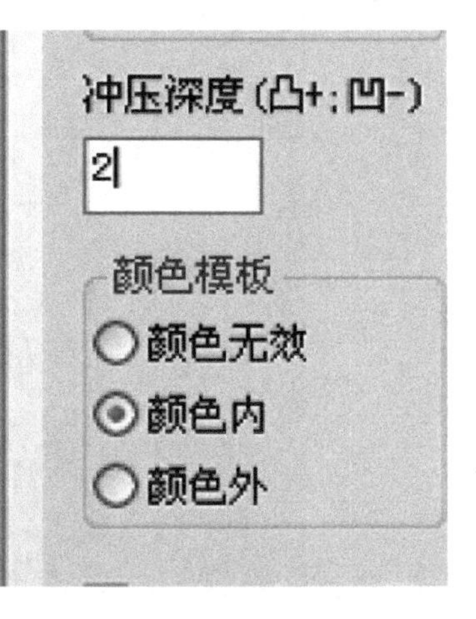

冲压效果
均等
绝对
高点
低点
中心
冲压深度(凸+;凹-)
2
颜色模板
颜色无效
颜色内
颜色外
生成光滑直侧面

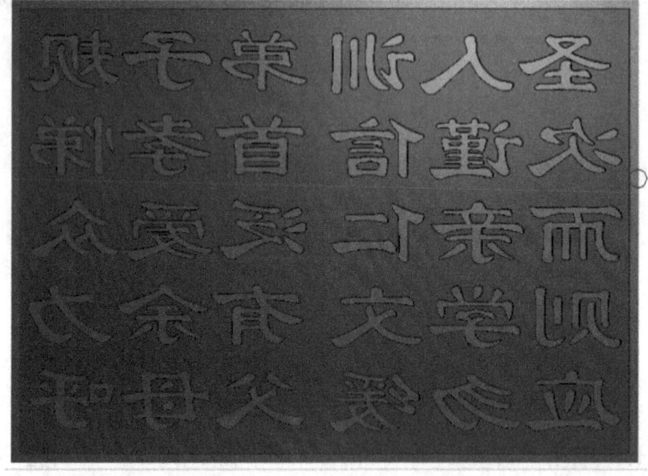

案例三　桃子图设计制作（浮雕）

桃子图设计制作（浮雕）

步骤 1：导入桃子手绘图（JPG 格式），如下图所示。

步骤 2：描线，注意线条的逻辑性、闭合问题。线条要光滑流畅。在描好的桃子图外建立一个 60×60 的外框，如见下图所示。

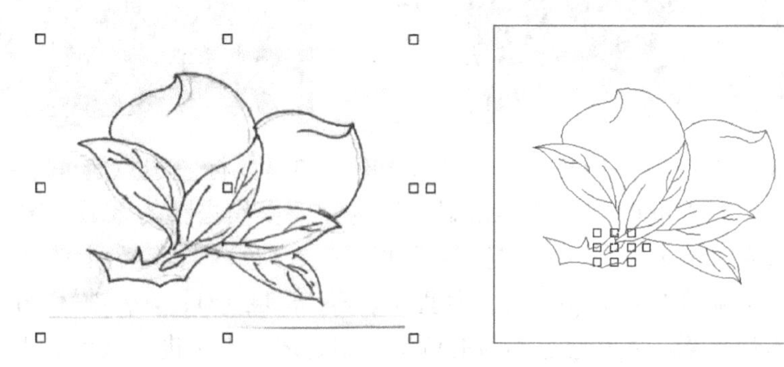

步骤 3：建模型，填色（单线填色、种了填色），注意在不同区域填不同颜色，如下图所示。

步骤 4：冲压，注意点选颜色内，左手按住 Shift 键，右手同时按住鼠标左键，表示选定操作颜色，选定一个桃子的颜色（浅蓝色），即可对其进行操作，单击鼠标左键，即冲压 2mm 浅蓝色桃子。以同样的操作，冲压起另一个桃子、叶子、枝条。切换地图显示方式（选项—地图方式显示，快捷键 Shift+B）可见凸起效果，如下图所示。

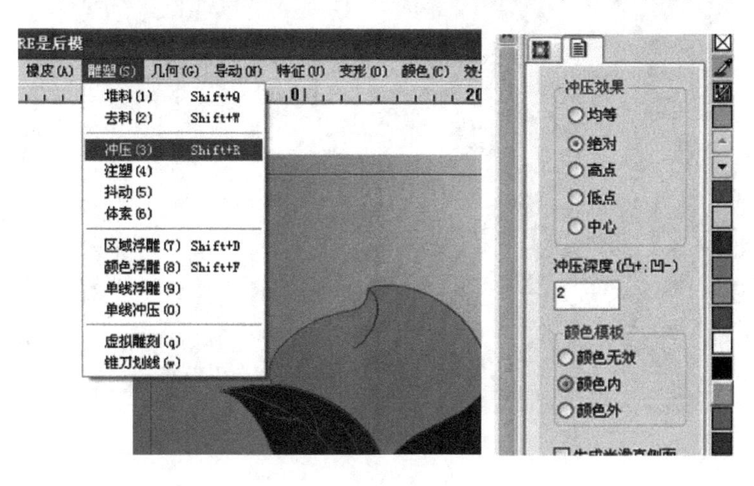

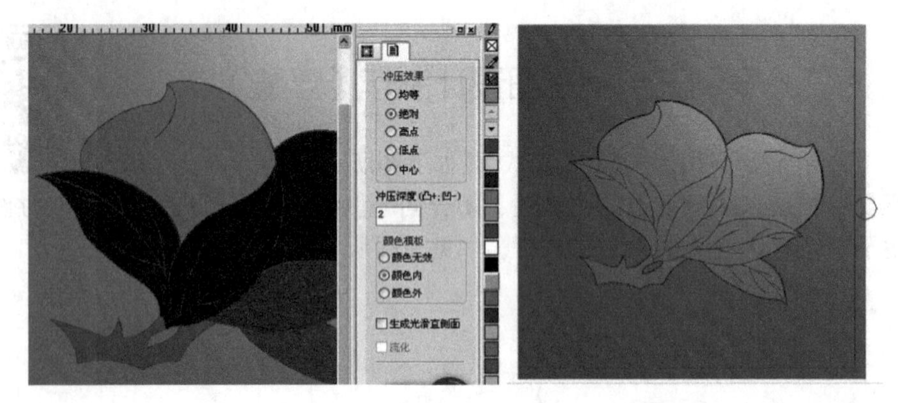

步骤 5：去料（Shift+W），按下 Shift 键，同时鼠标左边点选一个封闭区域，如中间的一片叶子，注意此时左上角色块显示即为需要操作去料的区域，案例中为深蓝色，见下图，点选左边导向工具栏中“颜色模块”—“颜色内”。键盘上的 A、S、D、F、Q、W 键，分别用于调整刀大小 (A、S)、尖度 (D、F)、深度（Q、W）。操作者可在老师演示下学习，实际体验感觉。需要通过不断的调整找到合适的方法进行去料加工。去料加工为按下鼠标左键不松开，光滑流畅地拖动，效果见下图作图过程（操作者要自行反复练习，注意要切换成地图显示方式去料才能看到效果）。

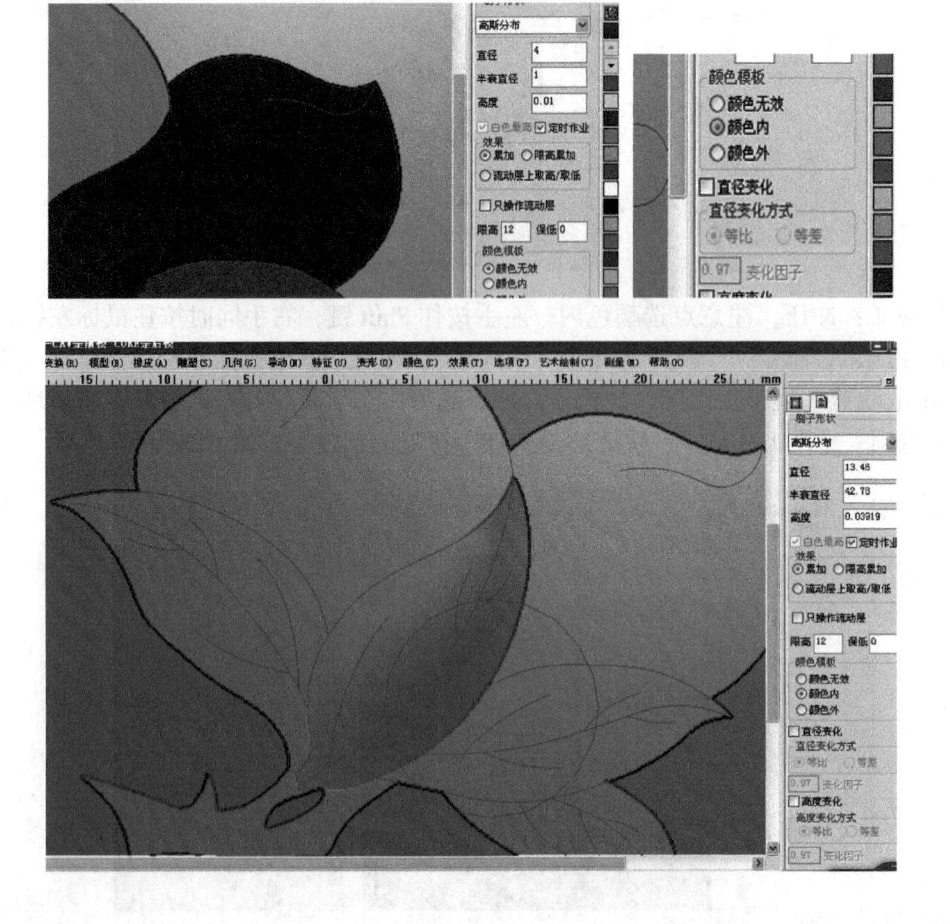

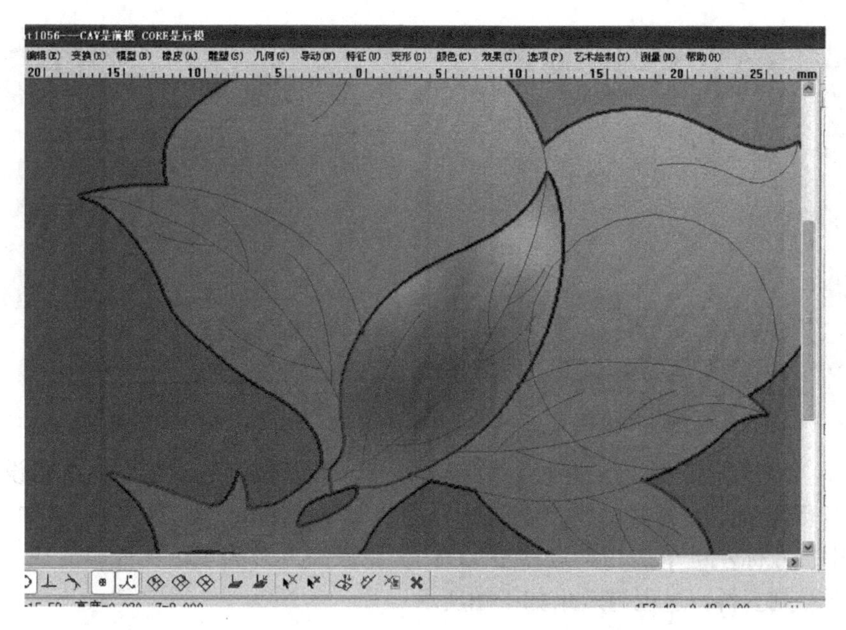

步骤 6：去料（Shift+W），当一片叶子去料加工好后，要换一片叶子加工，则同样按住 Shift 键，同时将鼠标移动到需要加工叶子的区域按住鼠标左键，表示重新选定了加工区域，继续按步骤 5 方法进行加工。注意在加工过程中若感觉没做好，可按“Z”回复一次，若想回复多次，可按住 Shift+H，弹出回复次数修改参数，自行修改，按鼠标右键确认。继续对其他叶子及桃子进行去料，可按下“E”键将线条隐去看效果，如下图所示。

步骤 7：导动去料（Shift+S），导动堆料（Shift+A），可沿线条进行去料、堆料。单击“导动”—“导动去料”，同样用 A、S、D、F、Q、W 键不断地调整找到合适的方法进行去料加工，鼠标左键单击要去料的叶子筋络，堆料也是如此，操作者需要自行体会，效果如下图所示。

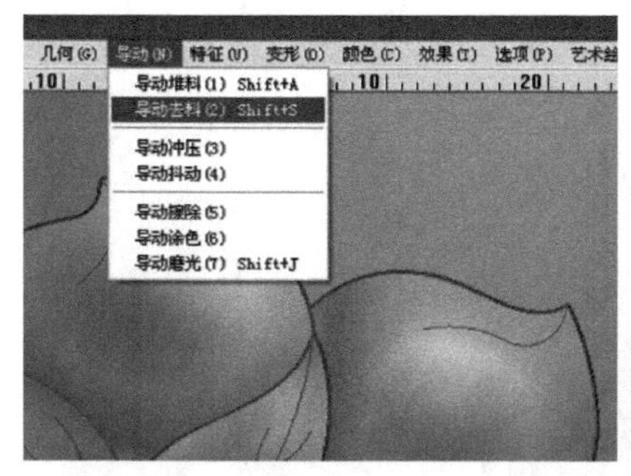

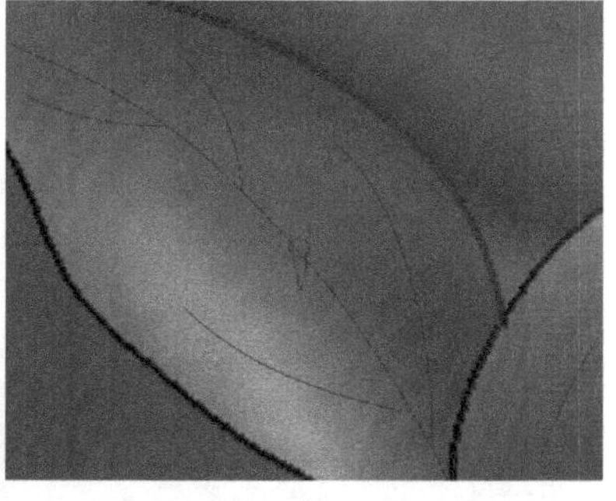

步骤 8：Z 向变换，这是出路径前关键的一步，即已做好的浮雕图，准备设计程序转到雕刻机进行雕刻。去料好的模型在被选择的状态下，单击“模型”—“Z 向变换”，右边导航栏中，鼠标左键单击“高点移至 XOY”，原来高点 Z 为正数，此时变成“0”，表示加工是向下雕刻去料，过程与效果如下图所示。

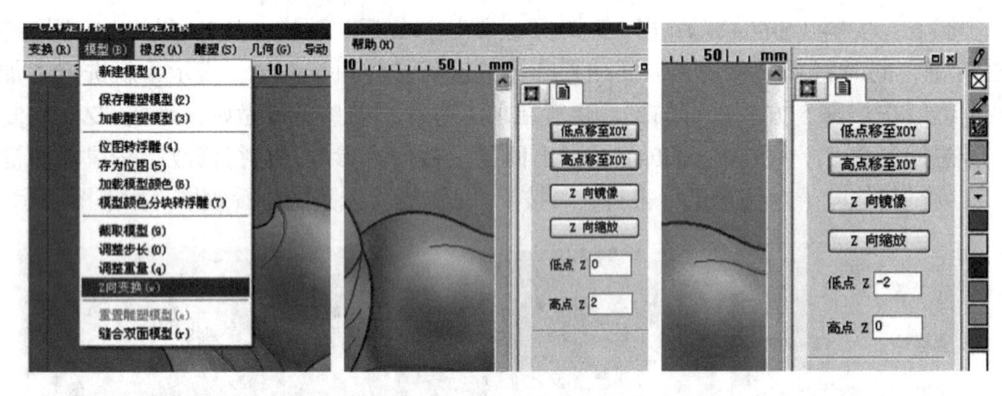

步骤 9：浮雕刻完全，可出路径。此处不详细介绍。

案例四　汽车钥匙扣设计制作

本次介绍关于汽车钥匙的设计制作，作品形式如下图所示。也可以根据实际自己设计方案。

步骤 1：新建一个 40×60 模型，线描奔驰标志（可从网络上下载奔驰标志进行画线），上部画一个直径为 4 的小圆，调整图案到合适位置。操作者可自行调整，在老师示范下进行操作，如下图所示。

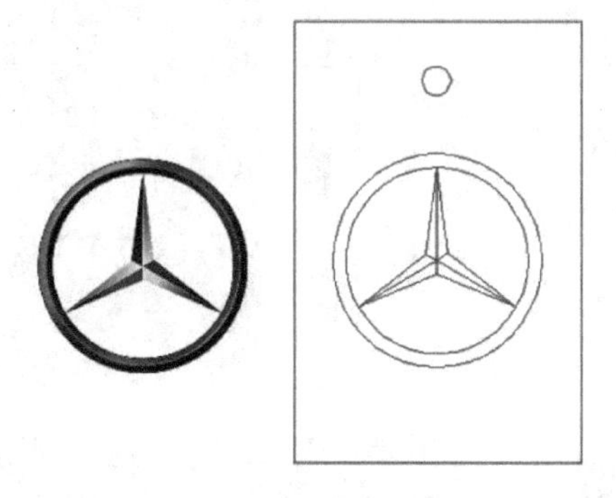

步骤 2：输入文字“京 A00001”，用黑体字，操作者也可以用其他字体，本案例考虑用黑体字其笔画雕刻更加清楚（一般要保证字的笔画宽度不小于 1mm）。调整好位置 (用“对齐”工具)，注意调整文字的大小，如下图所示。

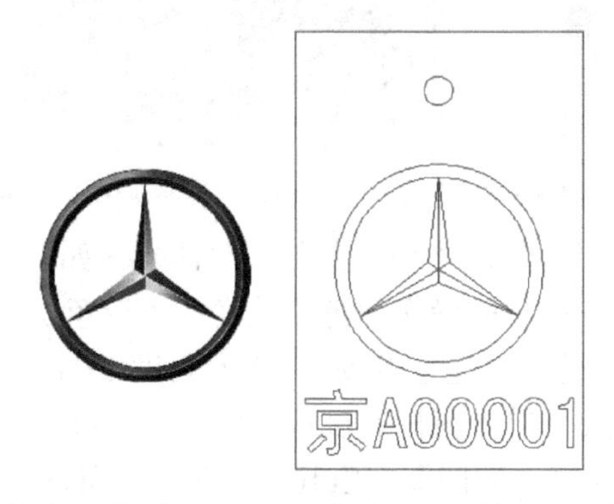

步骤 3：新建模型，填色，注意标志内部颜色的区分，如下图所示。

步骤 4：运用“冲压”对上部的小圆冲下去 2mm，对文字冲上 0.6mm，如下图所示。

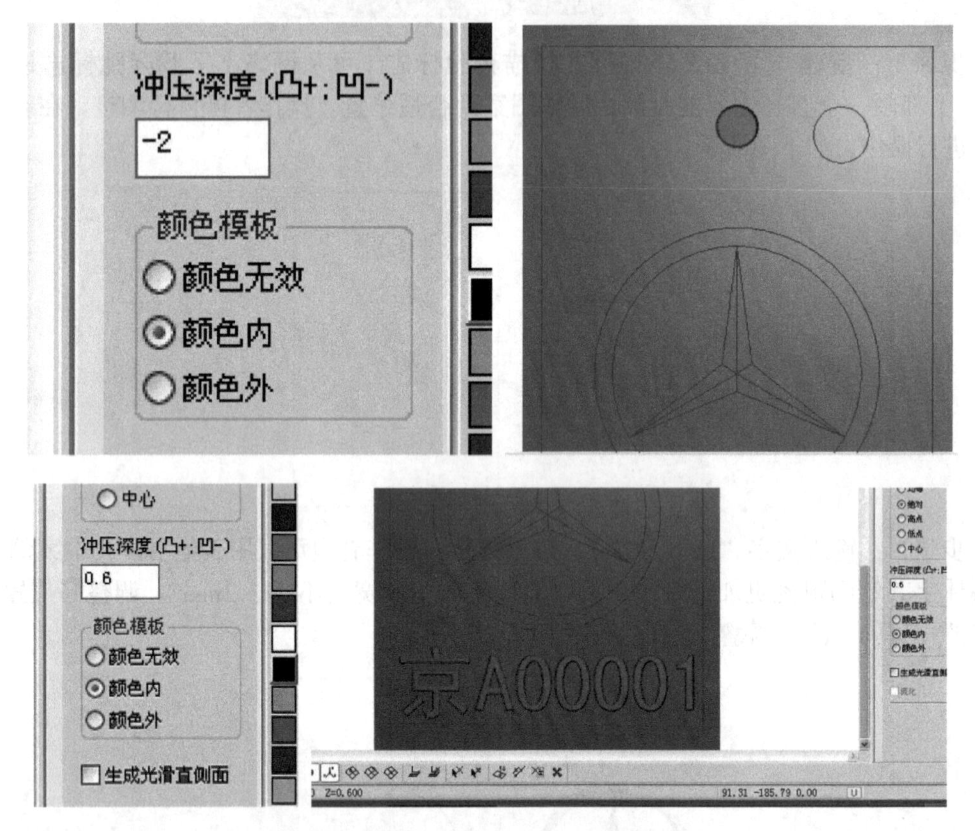

步骤 5：奔驰标志的圆圈使用“区域浮雕”，具体操作如下：先将两圆集合，Shift+ 鼠标左键点选两圆内颜色，表示当前操作颜色（此案中为蓝色），单击“雕塑”—“区域浮雕”，右边导航单击鼠标左键选“完全等高”，输入高度“0.8”，“颜色模板”单击鼠标左键选“颜色内”，“拼合方式”单击鼠标左键选“叠加”，此时，将鼠标移印圆圈上，当线条出现白色时，单击鼠标左键，即圆圈浮雕起来 0.8mm，而且是形成半圆弧状的，作图过程如下图所示。

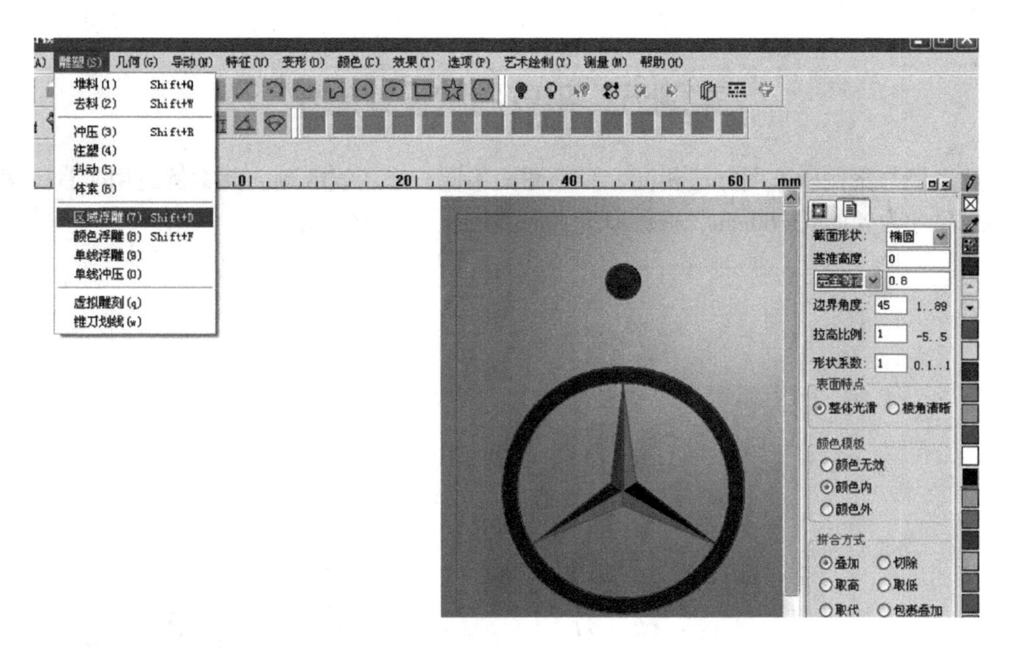

步骤 6：对奔驰标志内部三个尖角进行雕刻，方法是先将三个尖角都冲压起 0.6mm，再用去料工具进行去料，达到倾斜的效果。去料过程不再重复，方法可参考案例 3。如下图所示。

步骤 7：奔驰标志浮雕刻完全，可出路径。此处不详细介绍。

案例五 平安吊牌设计制作

此案例与案例四作图方法相同，只是图案不同，采用线雕刻。此案例是用生肖图案与文字，尺寸为 40mm × 60mm，板件厚度 8mm 以上。如下图所示。

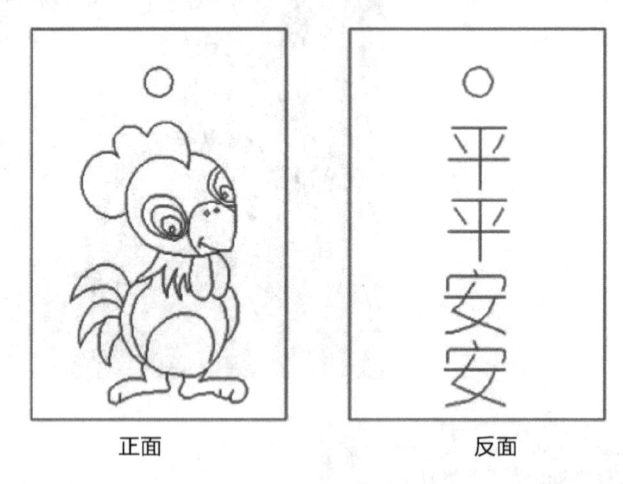

步骤 1：在网上查找生肖鸡的图片，输入点阵图，文件类型选 JPG，如下图所示。

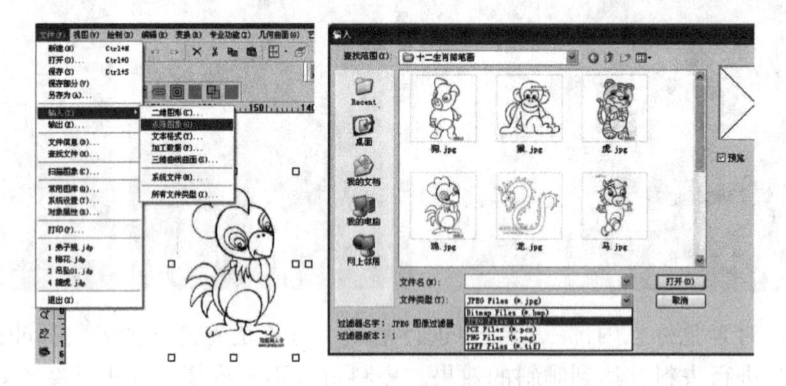

步骤 2：新建两个 40mm × 60mm 矩形，在矩形上部画直径为 4mm 的圆（注意调整与矩形上边的距离为 6mm），用于打孔穿吊绳。用到命令“多义线”“圆”“对齐”等，如下图所示。

步骤 3：做路径（线雕）。选正面边框，单击“路径向导”，弹出对话框，单击“单线切割”，“加工深度”填“0”（加工深度为 0，目的是检查雕刻范围是否正确，让雕刻刀在工件上空转），操作如下图所示。

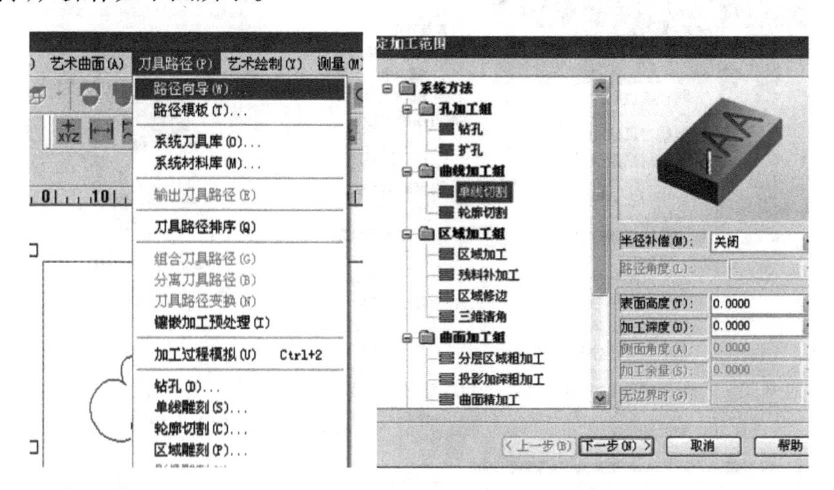

步骤 4：继续操作，点“下一步”，选刀具“[锥度平底] JD-30-0.40”，再点“下一步”，修改“吃刀深度”为“0”，操作如下图所示。

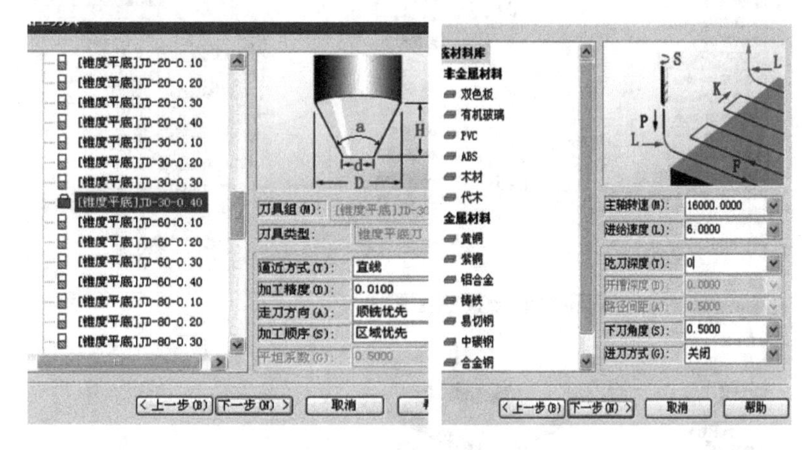

步骤 5：继续操作，点“下一步”，选“下刀方式”为“关闭”，点“完成”，注意观察，此时，名框生成路径覆盖在边框上，呈蓝色，表示外边框路径已做好。如下图所示。

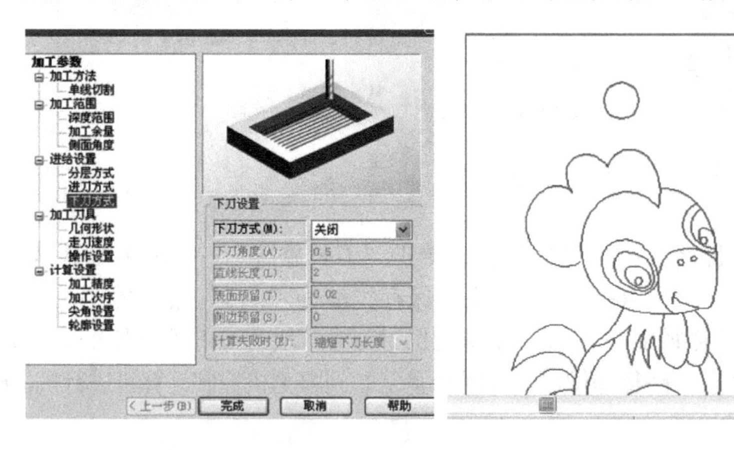

步骤6：继续操作，同样方法选中生肖图案和预留打孔的圆，雕刻深度定为1mm，操作如下图所示。

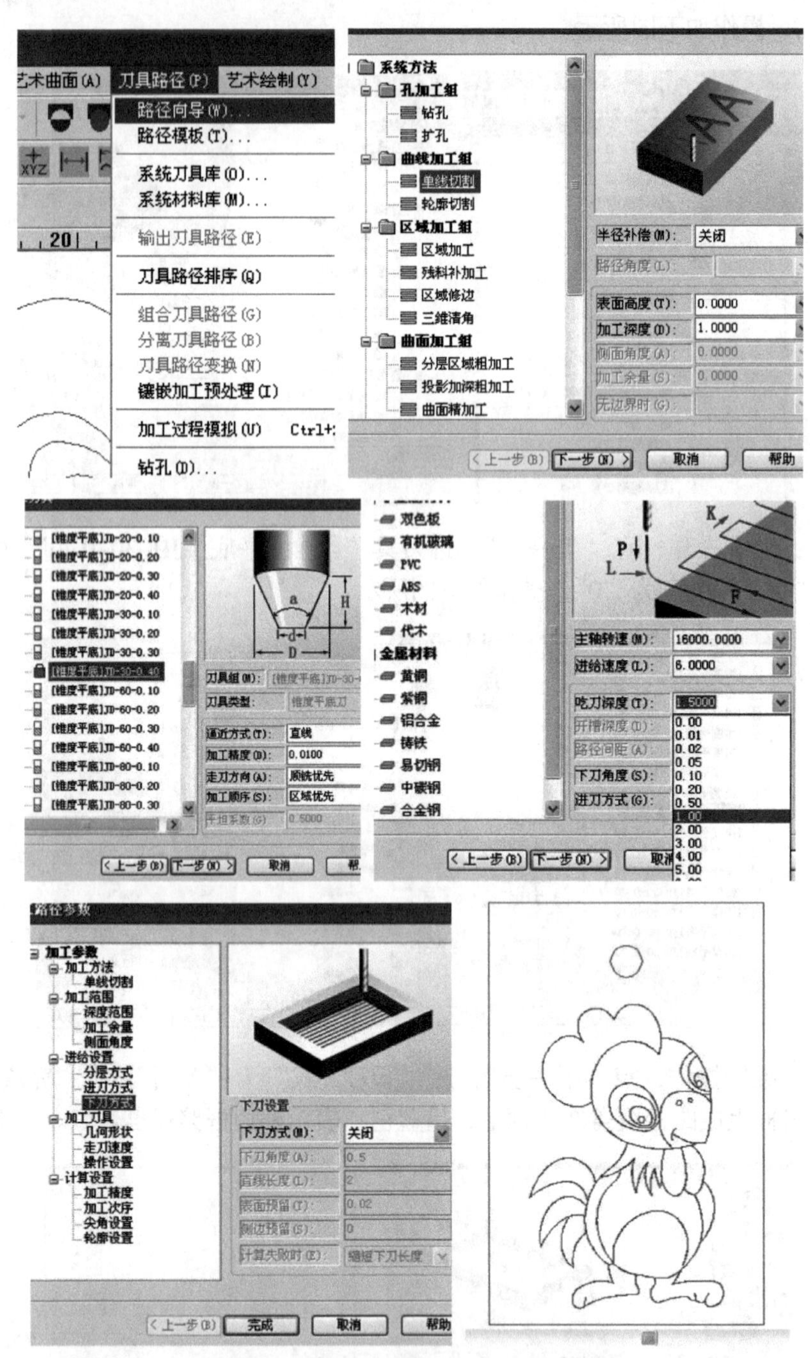

步骤7：输出路径，框选已做路径，单击“刀具路径”—“输出刀具路径”，弹出对话框，填写“生肖（鸡）4060”，注意文件保存类型为“.eng”。点“保存”，弹出对话框，点“特征点”，选“路径中心”（用于上雕刻机对刀为木块的对角线交点），点“确定”，弹出对话框，再点“确定”。路径即做好，可用U盘复制到雕刻机控制计算机进行机器雕刻。本软

件中带一模拟软件，操作者可在老师演示下进行模拟雕刻，查看效果。过程如下图所示。

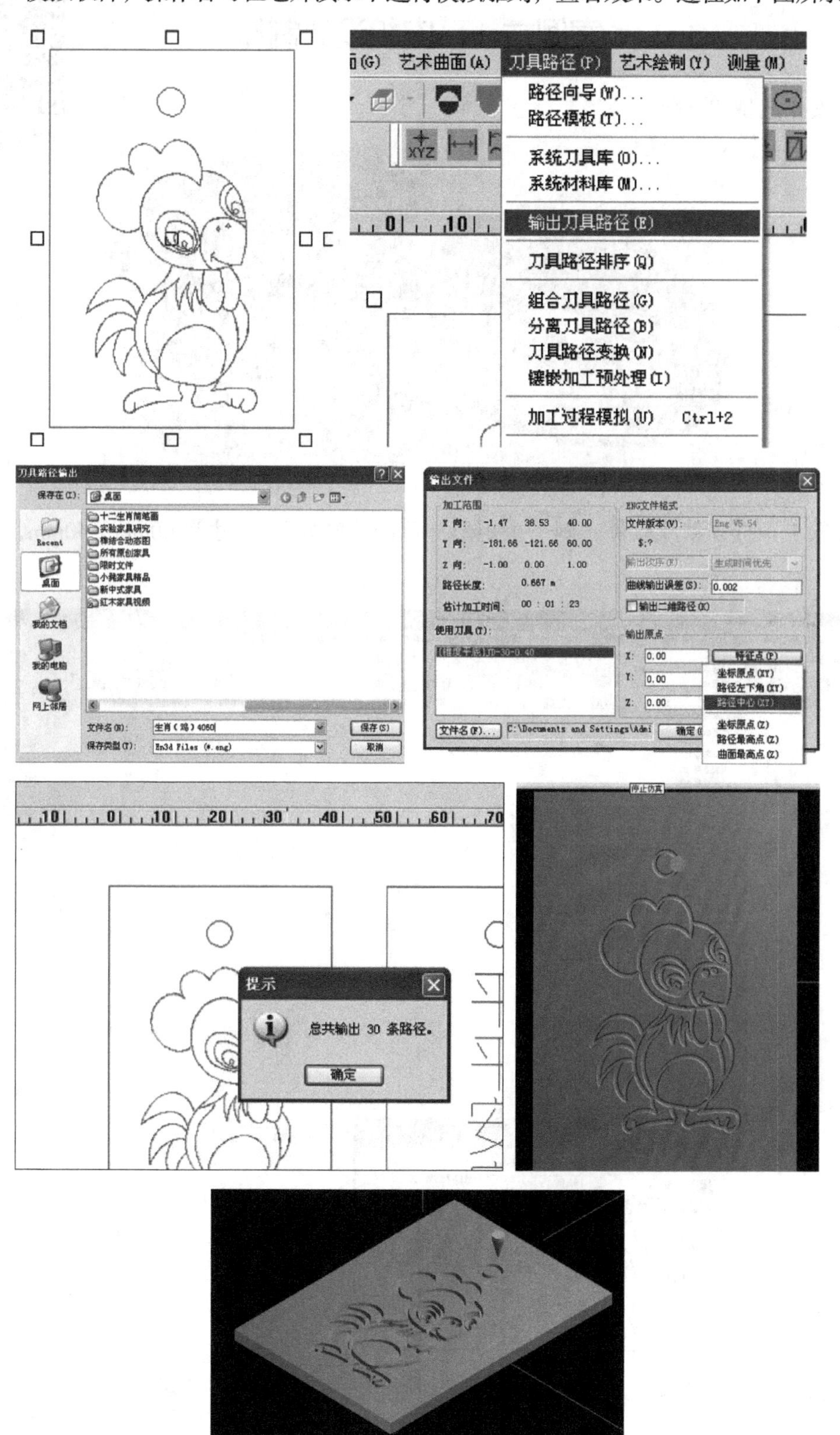

平安扣设计制作

案例六 平安扣设计制作

平安扣造型如下图：

步骤 1：打开精雕软件，画一个矩形，单击“放缩”，尺寸为 60mm × 60mm，如下图所示。

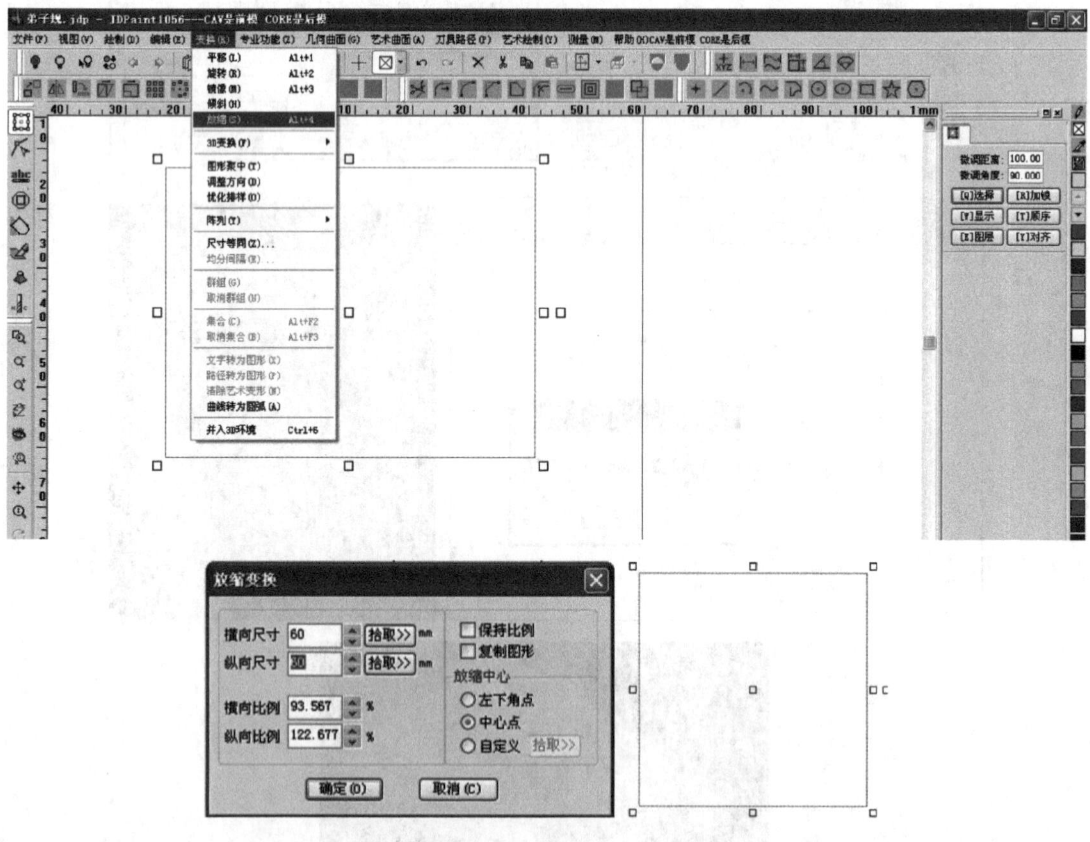

步骤 2：画一个圆，单击“放缩”，尺寸为 45mm × 45mm，并对齐矩形中心，如下图所示。

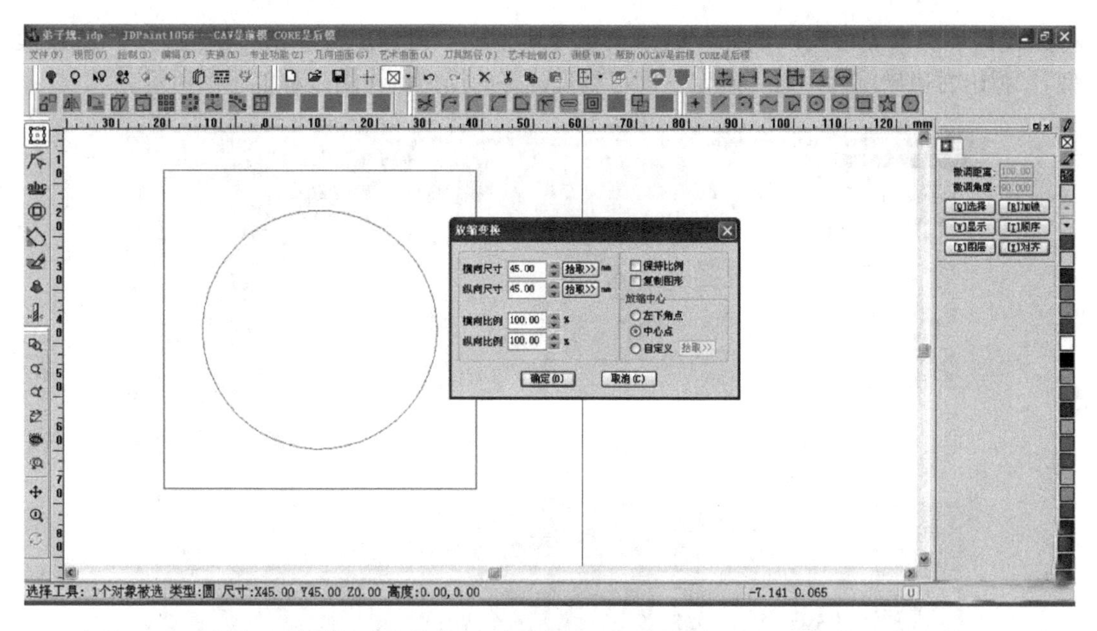

步骤3：选择已画好的圆，单击“编辑”—“区域等矩”，“偏移距离”填15，点选“向内”，生成一个小圆，如下图所示。

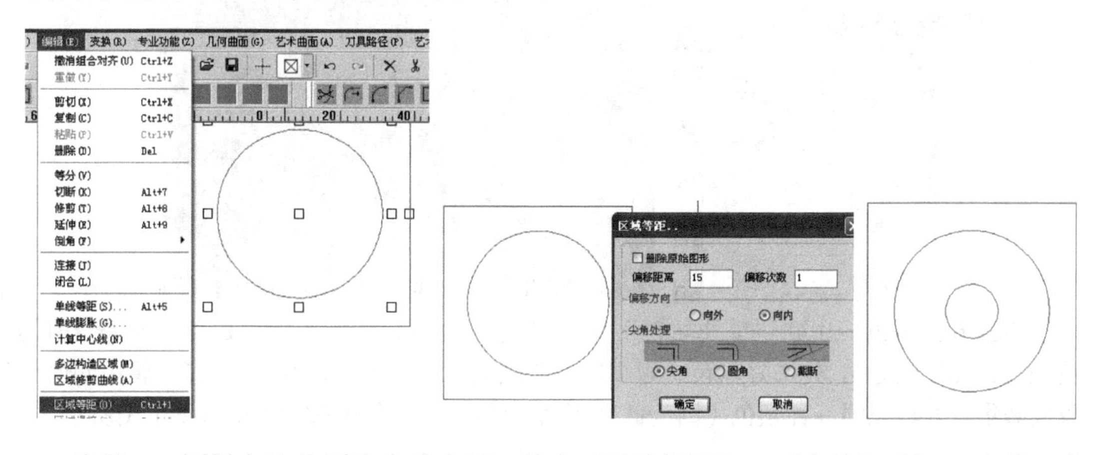

步骤4：同样方法分别选中最大圆，单击“区域等矩”→“向外”，填5，生成一个更大的圆（用于平安扣雕刻好线锯预留的加工距离）。对已生成的小圆，再单击“区域等矩”→“向内”，填6，生成一个更小的圆（中间通孔），如下图所示。

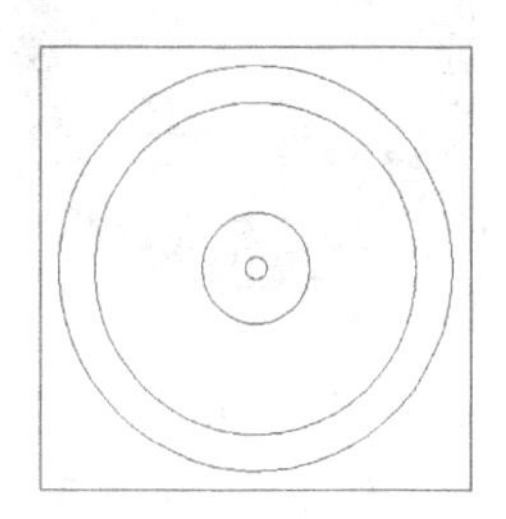

步骤5：建网格模型，将画好的图线用鼠标中间滚轮移动到画面中间，点选左边“虚拟雕塑工具”，此时，画面会有所变动，可能看不见刚刚画的图线，再通过鼠标中间滚轮

将图线移动到画面中间。鼠标左键点选正方形外框，鼠标左键单击“模型”—“新建模型”，弹出右边导航栏，点“确定”即可呈现建好的模型。作图过程如下图所示。

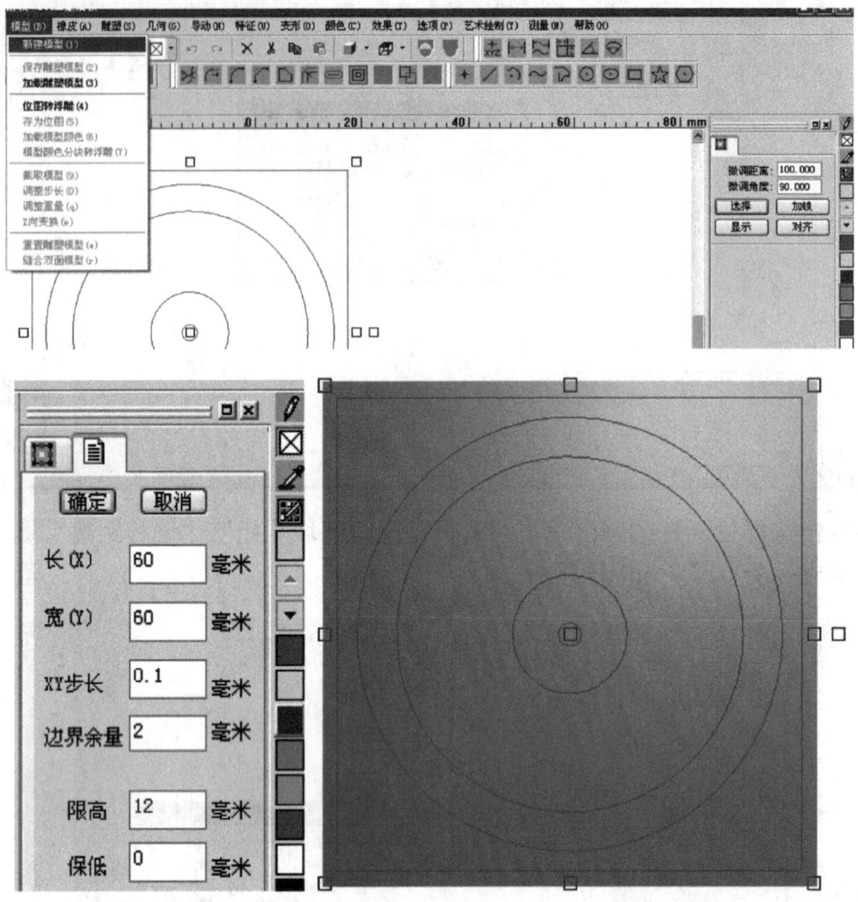

步骤 6：填色，用到“单线填色”“种子填色”工具，注意不能用黄色（因为当前是黄颜色，无法区分）。先选好颜色，再单击“单线填色”/“种子填色”，注意，将中间两个单线圆集合并填充同一种颜色（因为此处用到区域浮雕），作图过程及效果如下图所示。

步骤 7：区域浮雕，鼠标左键单击“雕塑”—“区域浮雕”，弹出右边导航栏，点选“完全等高”，填 3，颜色模板选“颜色内”，拼合方式选“叠加”。此时注意，左手按下键盘的“Shift”键，右手鼠标左键点选图中蓝色部分进行操作区域选择，即对该部分进行“区域浮雕”操作，选好操作区域后，放开“Shift”键，将鼠标移至蓝色区域的圆上，发

两天圆有颜色变化，此时鼠标左键点击变色的线条，完成“区域浮雕”，切换“地图显示方式”，可以看效果，如下图所示。

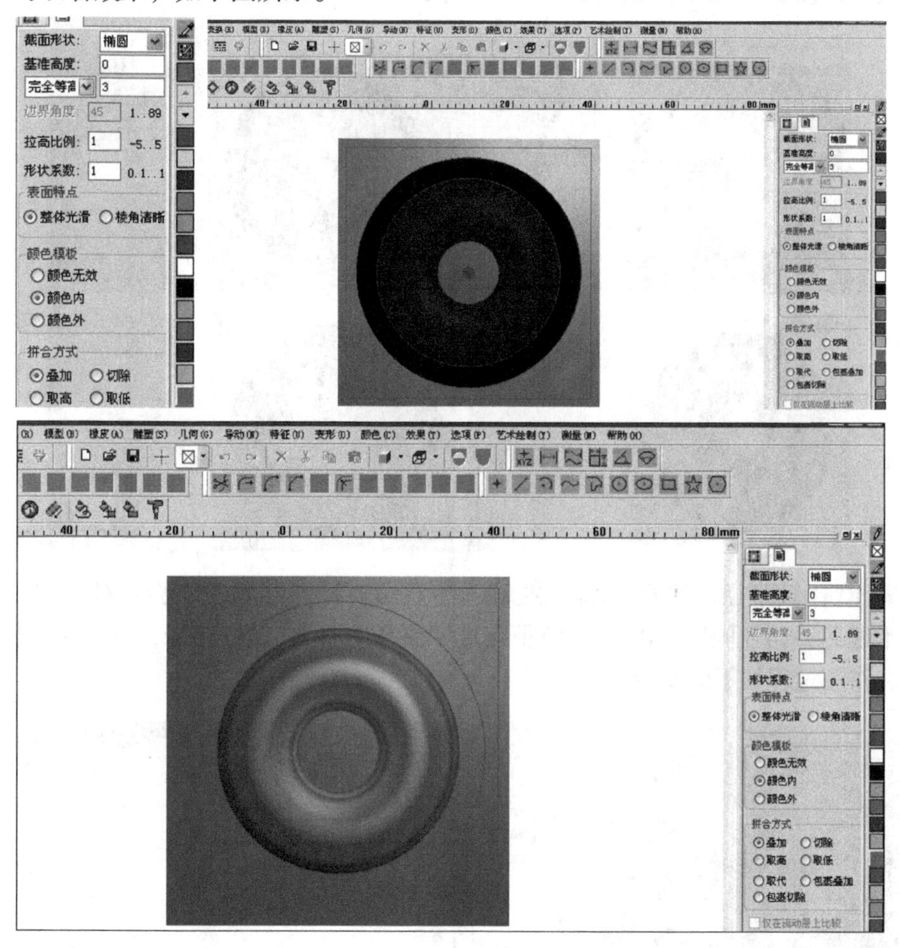

步骤 8：对内部继续用“区域浮雕”，方法同前，注意要将前面集合的两个圆解集，并将第二个小圆填成灰色（该区域同色）。另外，“实际高度”填 1.5，“拼合方式”选“切除”进行“区域浮雕”，作图效果如下图所示。

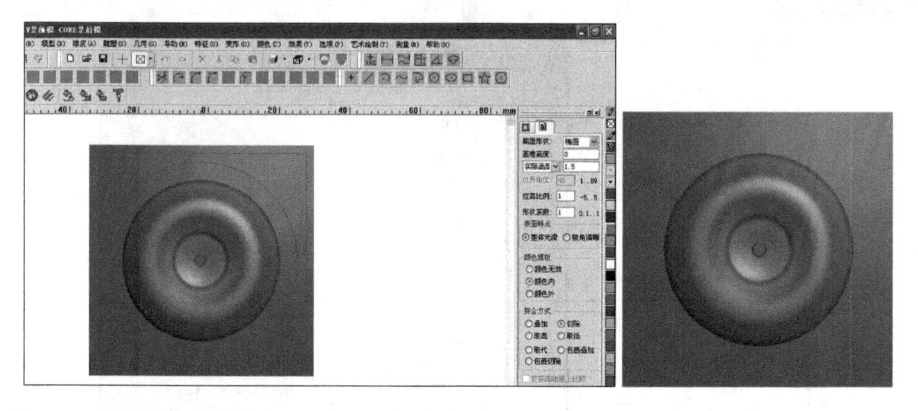

步骤 9：冲压中间的通孔、边上的锯切部分。在冲压前，先将模型进行“Z 向变换”，

重新定好零起点。将黄色部分冲压“4.45097”，即抬高，不需要雕刻，将中点冲压“–1”，做一个记号，便于后期用电钻钻孔，如下图所示。

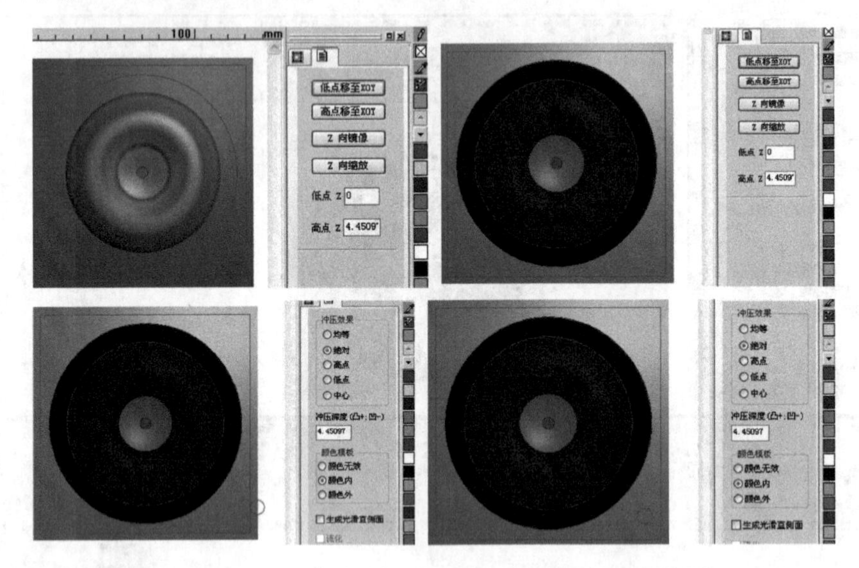

步骤 10：做路径，注意“Z 向变换”，注意切换回二维状态下做路径，选“30–0.4”的锥度平底刀，路径间矩“0.19”，特征点选“路径中心”，做好路径，可以对工件进行两面雕刻。作图过程如下图所示。

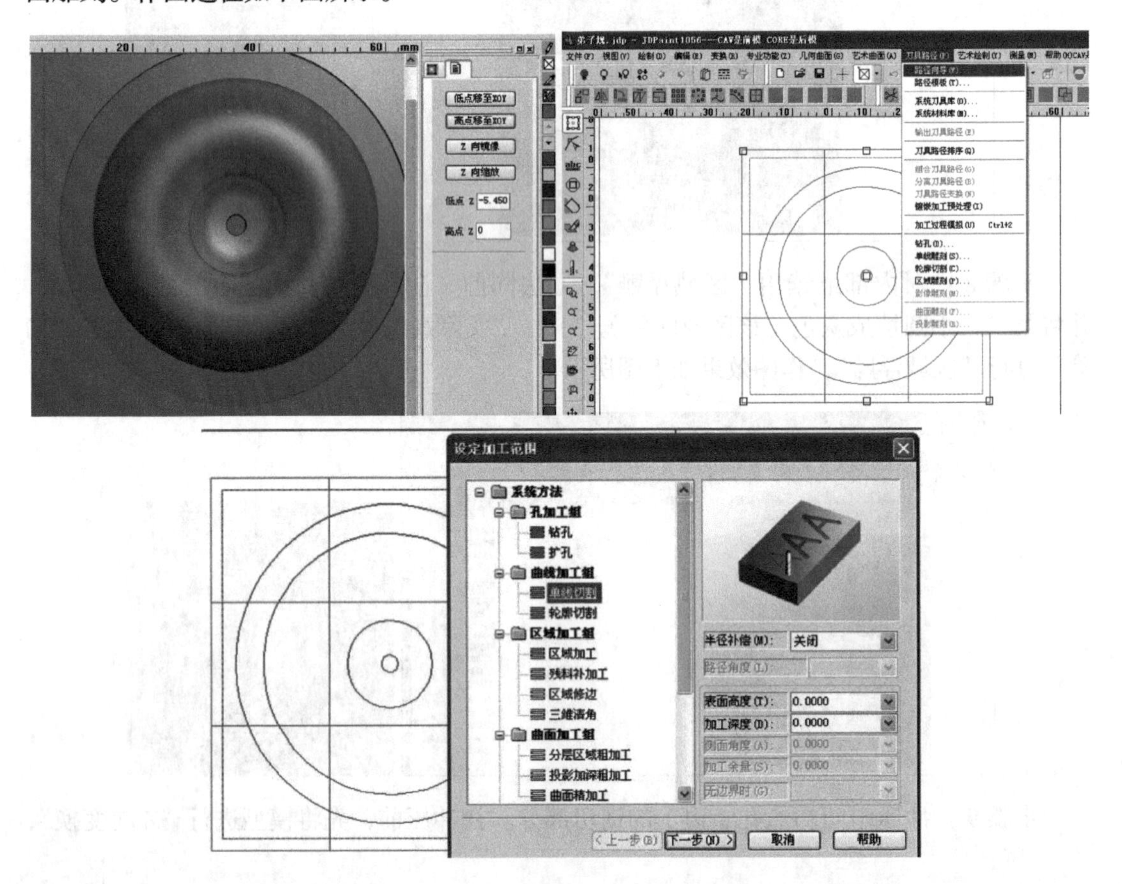

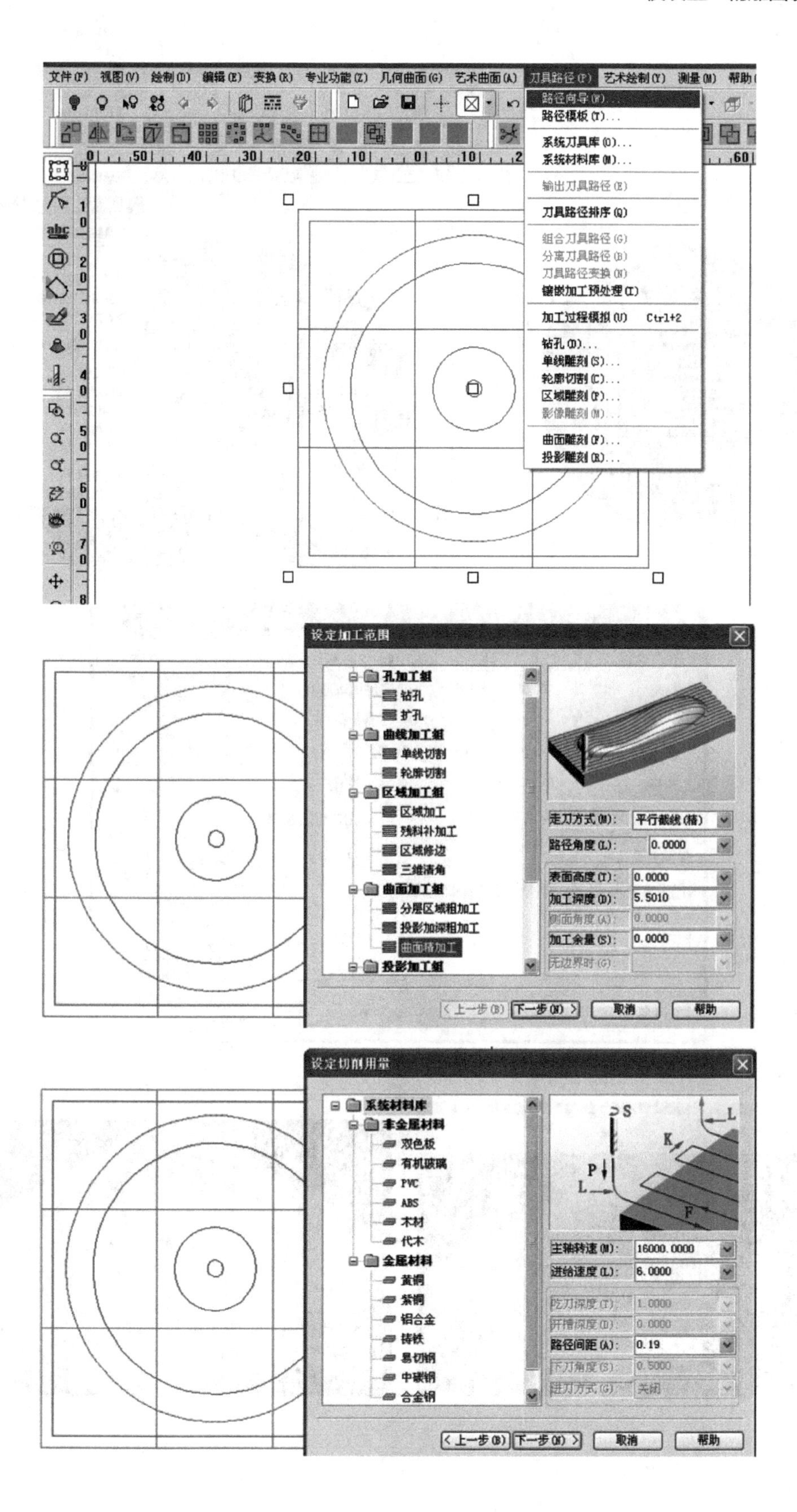
文件(F) 视图(V) 绘制(D) 编辑(E) 变换(R) 专业功能(Z) 几何曲面(G) 艺术曲面(A) 刀具路径(P) 艺术绘制(Y) 测量(M) 帮助
路径向导(W)...
路径模板(T)...
系统刀具库(O)...
系统材料库(M)...
输出刀具路径(E)
刀具路径排序(Q)
组合刀具路径(G)
分离刀具路径(B)
刀具路径变换(N)
镶嵌加工预处理(I)
加工过程模拟(V) Ctrl+2
钻孔(D)...
单线雕刻(S)...
轮廓切割(C)...
区域雕刻(P)...
影像雕刻(M)...
曲面雕刻(F)...
投影雕刻(R)...
设定加工范围
孔加工组
钻孔
扩孔
曲线加工组
单线切割
轮廓切割
区域加工组
区域加工
残料补加工
区域修边
三维清角
曲面加工组
分层区域粗加工
投影加深粗加工
曲面精加工
投影加工组
走刀方式(M): 平行截线(精)
路径角度(L): 0.0000
表面高度(T): 0.0000
加工深度(D): 5.5010
侧面角度(A): 0.0000
加工余量(S): 0.0000
无边界时(G):
<上一步(B) 下一步(N)> 取消 帮助
设定切削用量
系统材料库
非金属材料
双色板
有机玻璃
PVC
ABS
木材
代木
金属材料
黄铜
紫铜
铝合金
铸铁
易切钢
中碳钢
合金钢
S
L
K
P
L
F
主轴转速(N): 16000.0000
进给速度(L): 6.0000
吃刀深度(T): 1.0000
开槽深度(D): 0.0000
路径间距(A): 0.19
下刀角度(S): 0.5000
进刀方式(G): 关闭
<上一步(B) 下一步(N)> 取消 帮助

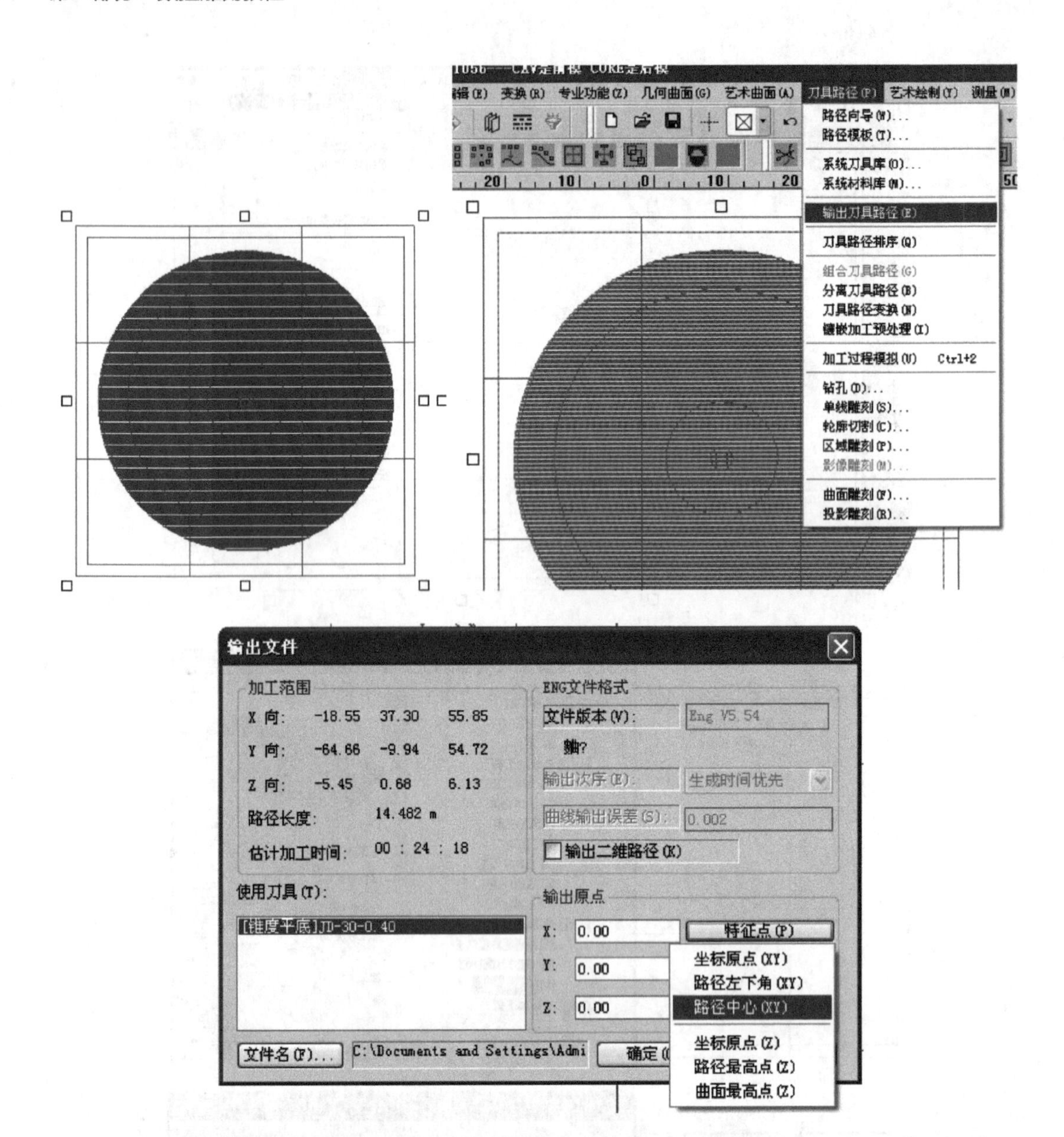
刀具路径(P)
艺术绘制(T)
测量(M)
几何曲面(G)
艺术曲面(A)
专业功能(Z)
变换(R)
路径向导(W)...
路径模板(T)...
系统刀具库(O)...
系统材料库(M)...
输出刀具路径(E)
刀具路径排序(Q)
组合刀具路径(G)
分离刀具路径(B)
刀具路径变换(N)
镶嵌加工预处理(I)
加工过程模拟(V) Ctrl+2
钻孔(D)...
单线雕刻(S)...
轮廓切割(C)...
区域雕刻(P)...
影像雕刻(M)...
曲面雕刻(F)...
投影雕刻(R)...
输出文件
加工范围
X 向: -18.55 37.30 55.85
Y 向: -64.66 -9.94 54.72
Z 向: -5.45 0.68 6.13
路径长度: 14.482 m
估计加工时间: 00 : 24 : 18
ENG文件格式
文件版本(V): Eng V5.54
输出次序(E): 生成时间优先
曲线输出误差(S): 0.002
输出二维路径(K)
使用刀具(T):
[锥度平底]JD-30-0.40
输出原点
X: 0.00
Y: 0.00
Z: 0.00
特征点(P)
坐标原点(XY)
路径左下角(XY)
路径中心(XY)
坐标原点(Z)
路径最高点(Z)
曲面最高点(Z)
文件名(F)...
C:\Documents and Settings\Admi
确定

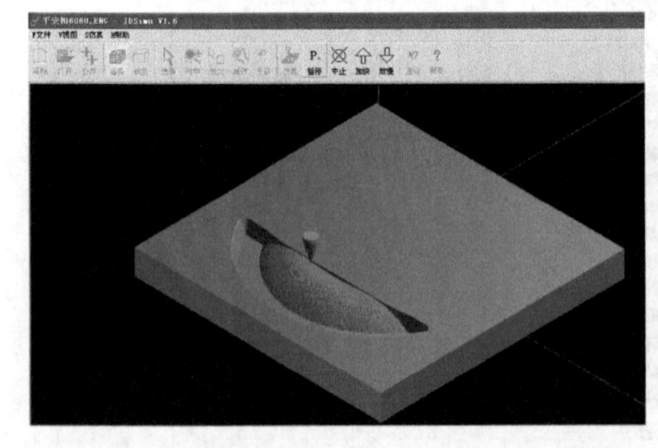

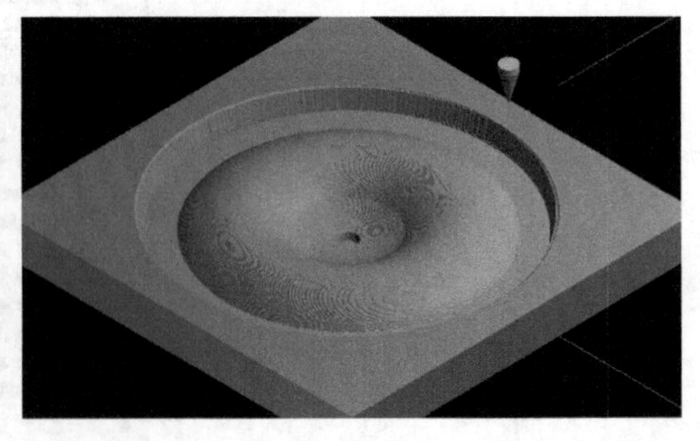

拼接案例

案例七　拼接案例

本案例介绍如何将两个模型进行拼接，这是很常用的作图方法，主要是做好一个大的底板模型，剪切一个灰度图需要的部分转成网格（模型），将两个模型进行拼接制作出一个新的设计方案。

本次设计的方案如下：

步骤 1：打开精雕软件，画一个 50mm × 50mm 的矩形，输入文字“牡丹”，调整文字大小及位置，在常用图库中选一个花边，调整好边框的大小，注意线条的宽度，用“测量”工具进行检测。做好的线稿如下图所示。

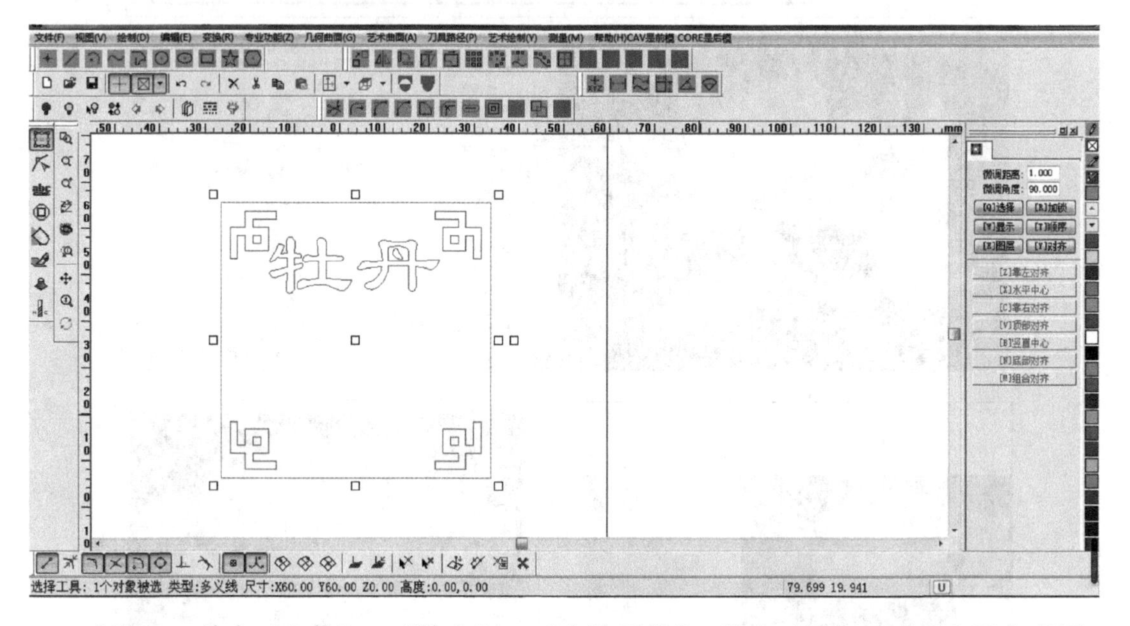

步骤 2：单击“文件”—“输入”—“点阵图像”，弹出对话框，选择一张灰度图，点击“确定”，将灰度图输入工作区，用矩形框选需要的部分，进行剪切（艺术曲面—图像纹理—图像截取），注意右边导航栏的点击，过程见下图，可在老师的演示下实践。如下图所示。

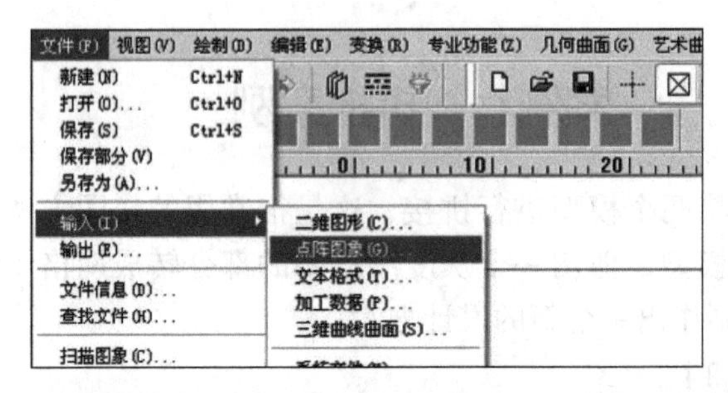

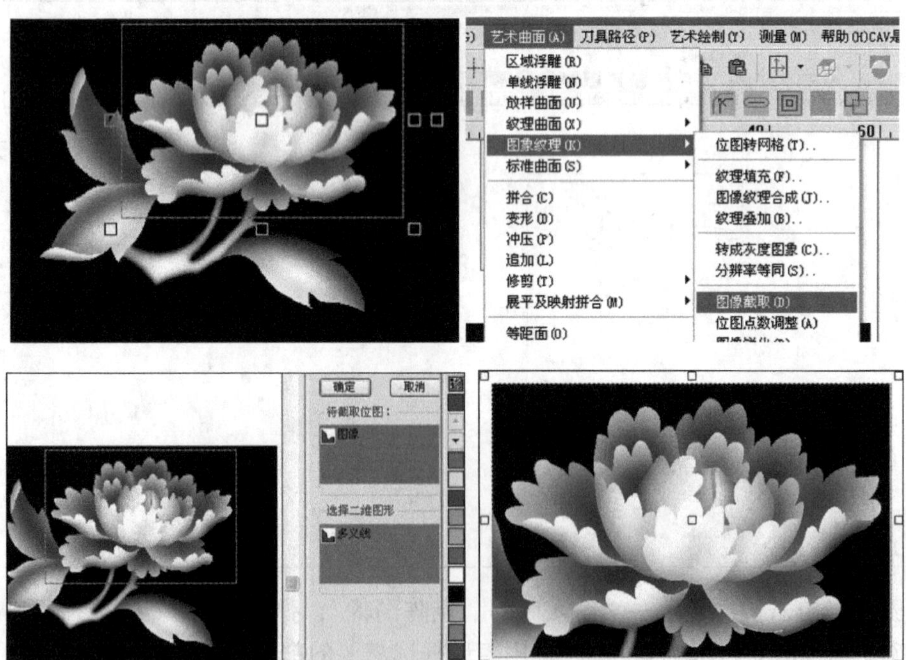

步骤 3：位图转网格。单击“艺术曲面”—“图像纹理”—“位图转网格”。注意，在选择灰度图的状态下才可以对其进行操作。此时，单击灰度区域，弹出对话框，修改曲

面高度，请在老师指导下修改，此处按“1”，不做修改，直接单击确定，发现灰度图下生成网格，框选网格，切换三维状态，发现生成浮雕效果，切换“地图显示方式”，可看效果。如下图所示。

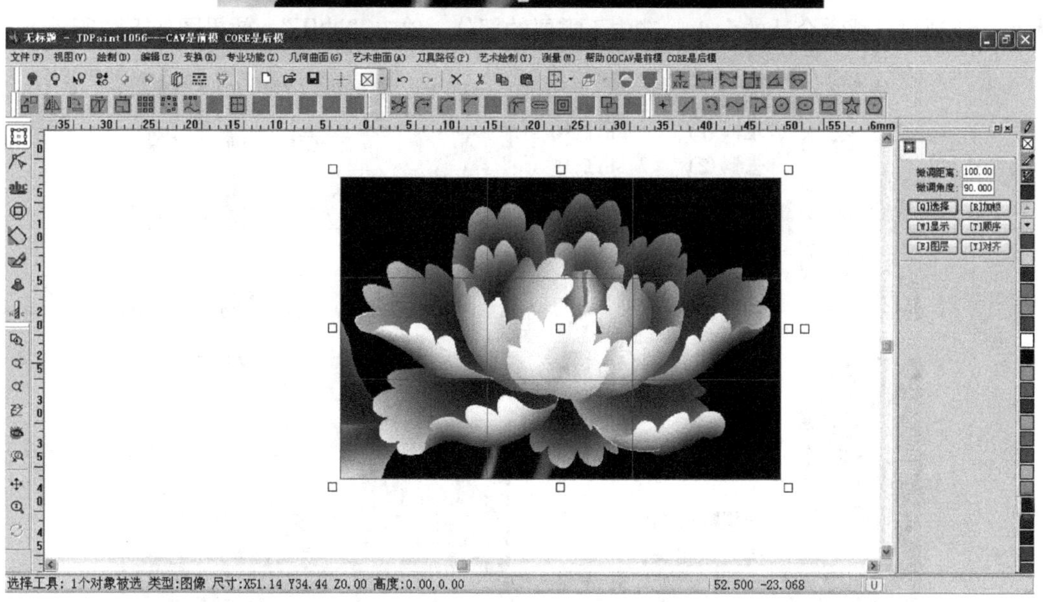

步骤 4：冲压不需要的部分。注意要在“地图显示方式”下进行操作。单击“雕塑”—“冲压”，选“颜色无效”，注意将鼠标移至工作区，按键盘上 A 和 S 键调整刀的直径大小，调到自己感觉合适的大小，选中不需要的部分，单击“冲压”。效果图如下图所示。

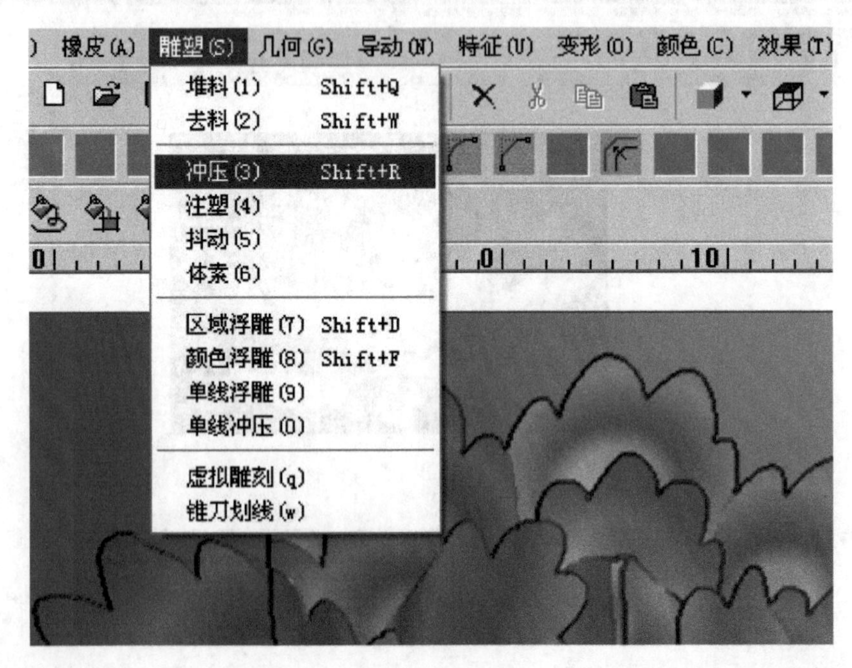

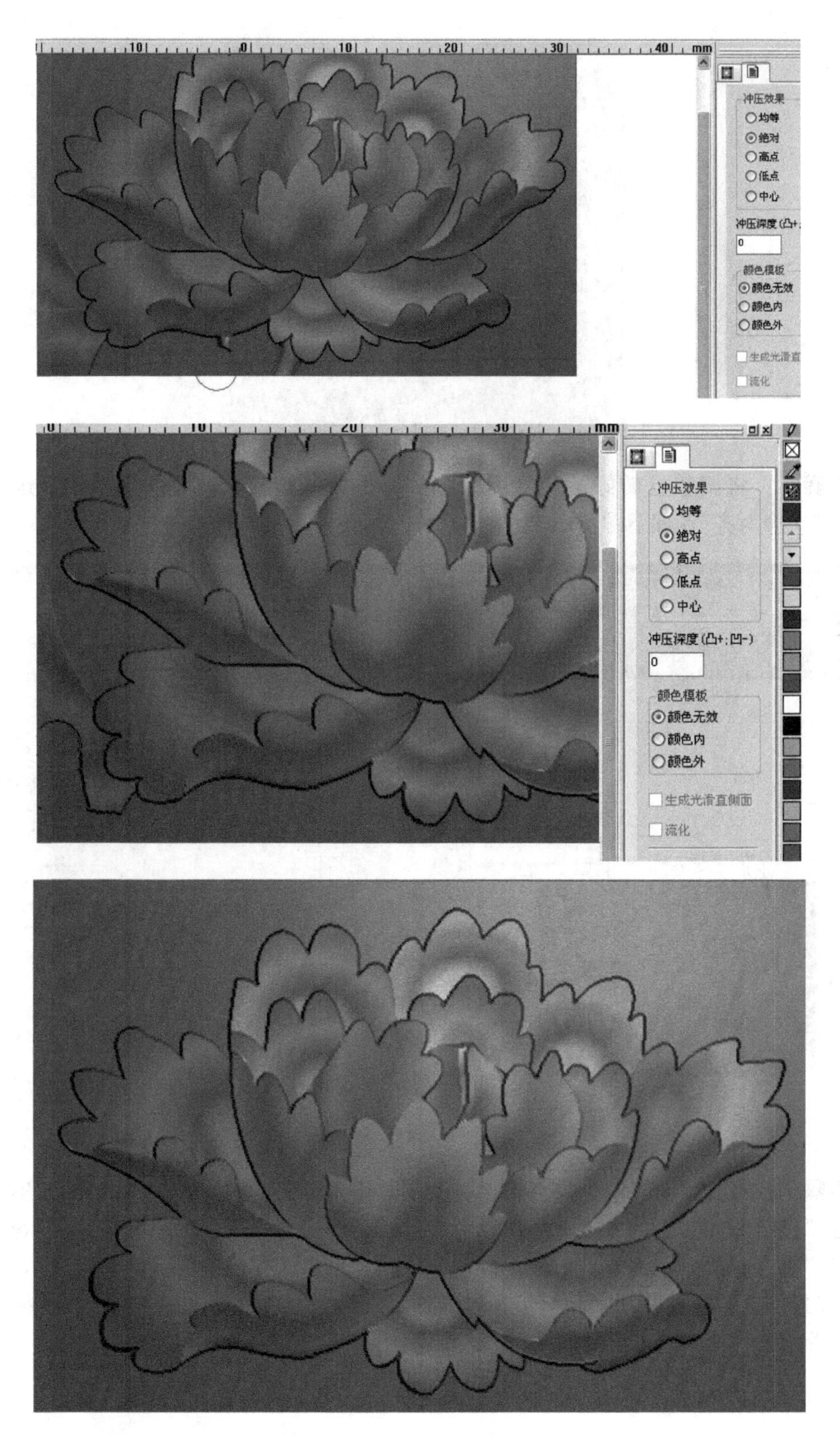

步骤 5：将步骤 1 画好的线框建模型。如下图所示。

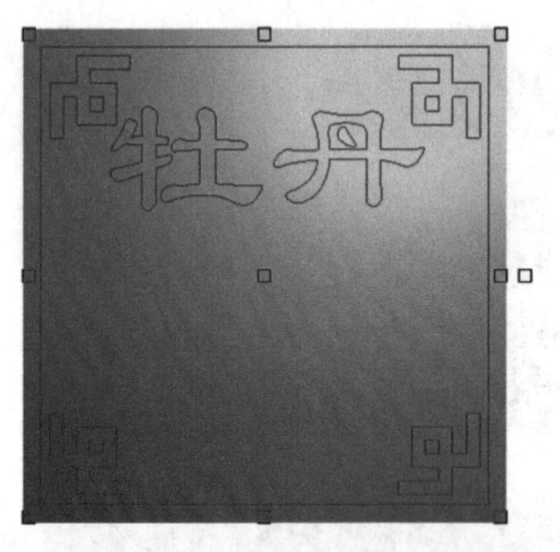

步骤 6：将调整已转好的灰度图模型大小，放入步骤 5 做好的模型中，运用“对齐”—“组合对齐”。如下图所示。

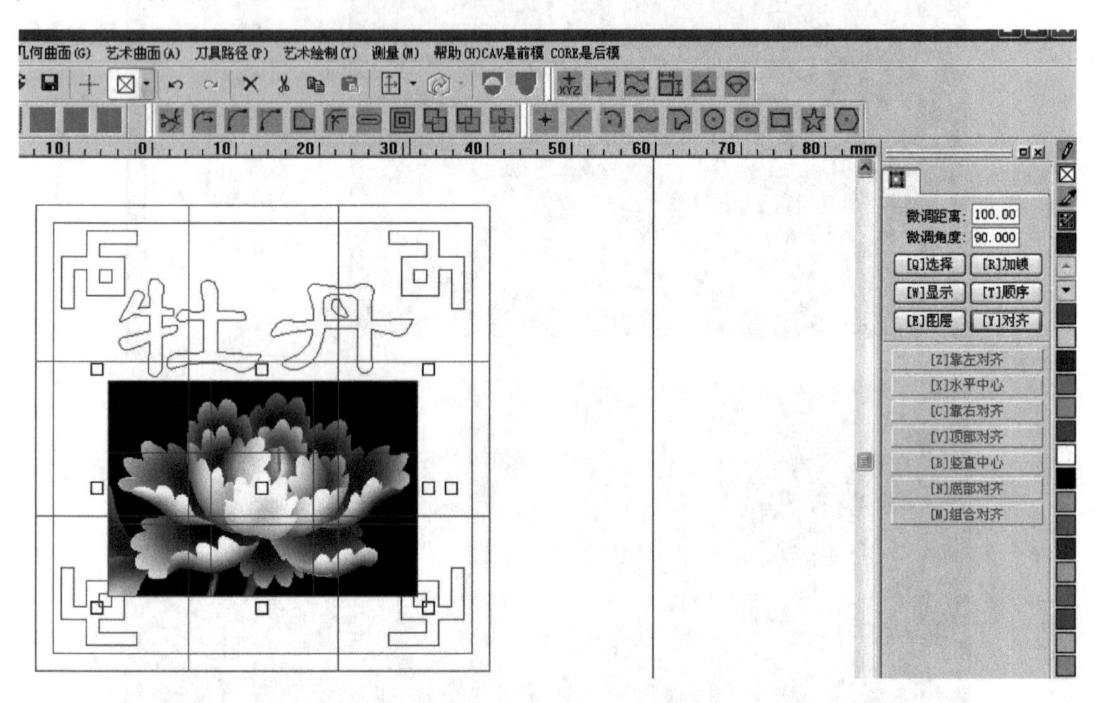

步骤 7：拼合，即将两个模型拼成一个图。单击“艺术曲面”—“拼合”，单击右边导航栏“被拼曲面”下的方框，显示绿色，此时，单击工作区中的小网格，表示被选中，再单击“拼合基面”下的方框，显示绿色，此时，单击工作区中的大网格，表示被选中，“拼合方式”选“叠加”“曲面融合”，单击确定，两个网格就变成一个网格，切换到三维状态下看效果，把中间多余的框线删去，如下图所示。

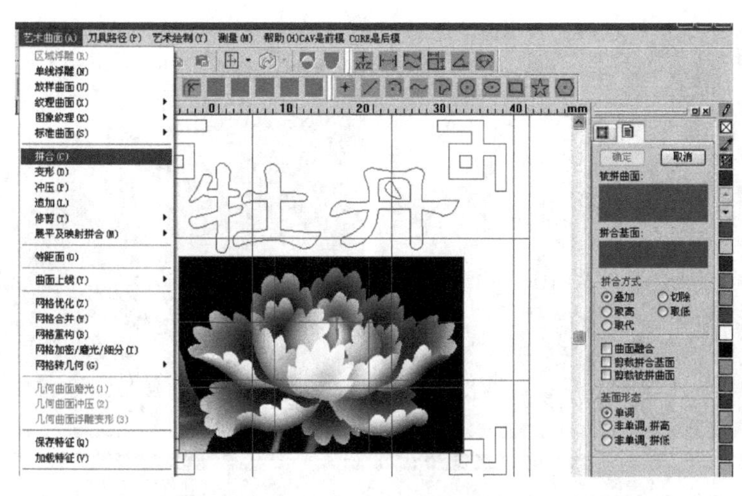
艺术曲面(A)　刀具路径(P)　艺术绘制(Y)　测量(M)　帮助(H)CAV是前模 CORE是后模
区域浮雕(R)
单线浮雕(N)
放样曲面(U)
纹理曲面(X)
图象纹理(K)
标准曲面(S)
拼合(C)
变形(D)
冲压(P)
追加(L)
修剪(T)
展平及映射拼合(M)
等距面(O)
曲面上线(Y)
网格优化(Z)
网格合并(W)
网格重构(B)
网格加密/磨光/细分(I)
网格转几何(G)
几何曲面磨光(1)
几何曲面冲压(2)
几何曲面浮雕变形(3)
保存特征(Q)
加载特征(V)
牡丹
确定　取消
被拼曲面:
拼合基面:
拼合方式
叠加　切除
取高　取低
取代
曲面融合
剪裁拼合基面
剪裁被拼曲面
基面形态
单调
非单调，拼高
非单调，拼低

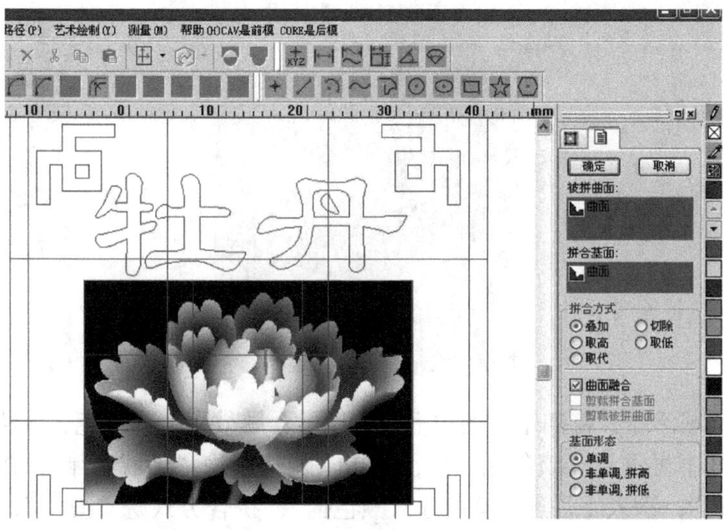
刀具路径(P)　艺术绘制(Y)　测量(M)　帮助(H)CAV是前模 CORE是后模
牡丹
确定　取消
被拼曲面:
曲面
拼合基面:
曲面
拼合方式
叠加　切除
取高　取低
取代
曲面融合
剪裁拼合基面
剪裁被拼曲面
基面形态
单调
非单调，拼高
非单调，拼低

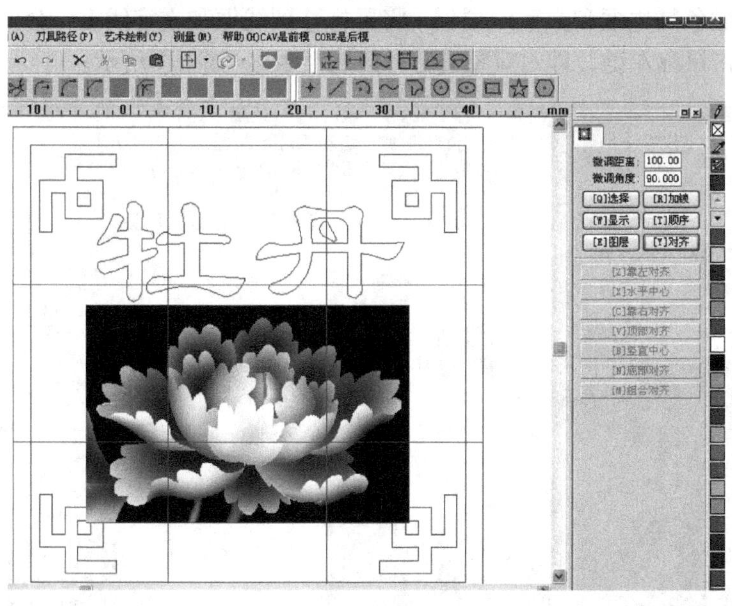
(A)　刀具路径(P)　艺术绘制(Y)　测量(M)　帮助(H)CAV是前模 CORE是后模
牡丹
微调距离: 100.00
微调角度: 90.000
[Q]选择　[R]加线
[W]显示　[T]顺序
[E]图层　[Y]对齐
[Z]靠左对齐
[X]水平中心
[C]靠右对齐
[V]顶部对齐
[B]竖直中心
[N]底部对齐
[M]组合对齐

步骤8：区域浮雕，将四个角的边框和文字做浮雕效果。先填色，方法在前面的案例中已讲解，此处不再重复。填色完成后，单击“雕塑”—“区域浮雕”，在右边导航栏中点选“完全选调”，输入1，颜色模板选“颜色内”，拼合方式选“叠加”，要特别注意的是，当前操作颜色是边框和文字的颜色，将鼠标移到线框和文字线上，会发现线条变成白色，此时，单击鼠标左键，即对对象进行“区域浮雕”。如下图所示。

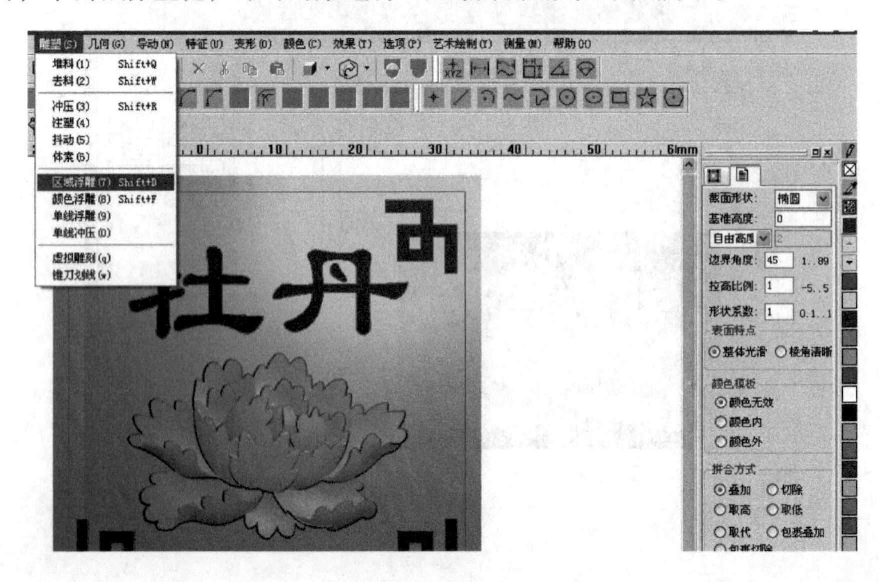

步骤 9：出路径，方法不再重复，注意“Z 向变换”。过程如下图所示。

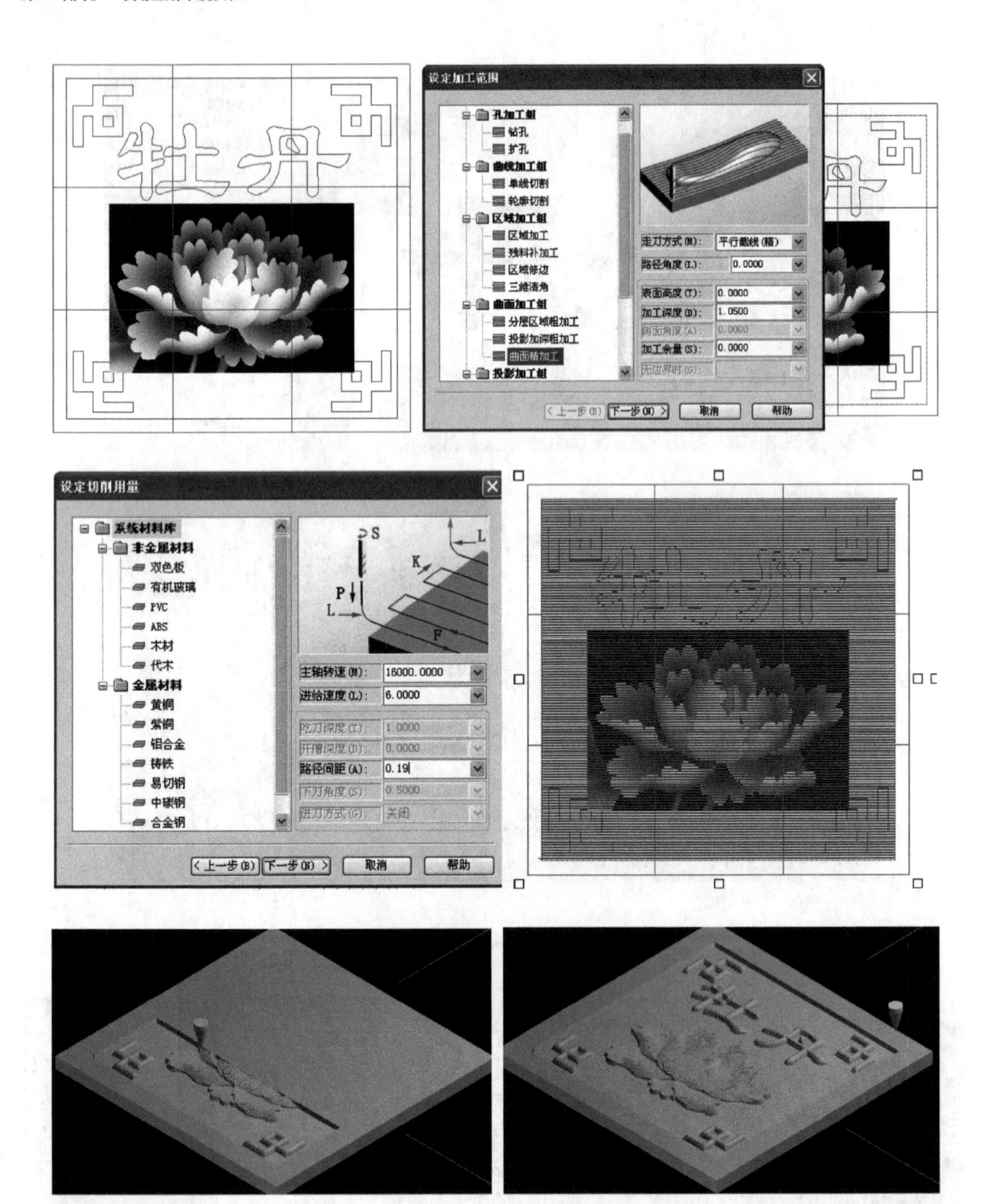
牡丹
设定加工范围
孔加工组
钻孔
扩孔
曲线加工组
单线切割
轮廓切割
区域加工组
区域加工
残料补加工
区域修边
三维清角
曲面加工组
分层区域粗加工
投影加深粗加工
曲面精加工
投影加工组
走刀方式(M): 平行截线(精)
路径角度(L): 0.0000
表面高度(T): 0.0000
加工深度(D): 1.0500
侧面角度(A): 0.0000
加工余量(S): 0.0000
无边界时(G):
<上一步(B) 下一步(N)> 取消 帮助
设定切削用量
系统材料库
非金属材料
双色板
有机玻璃
PVC
ABS
木材
代木
金属材料
黄铜
紫铜
铝合金
铸铁
易切钢
中碳钢
合金钢
S
L
K
P
L
F
主轴转速(M): 16000.0000
进给速度(L): 6.0000
吃刀深度(T): 1.0000
开槽深度(D): 0.0000
路径间距(A): 0.19
下刀角度(S): 0.5000
进刀方式(G): 关闭
<上一步(B) 下一步(N)> 取消 帮助

案例八　茶杯托设计制作

茶杯托设计制作

准备设计的茶杯托如下图所示：

步骤 1：打开精雕软件，在二维状态下画一个 42mm × 42mm 的矩形，在矩形内画一个 32mm × 32mm 的圆，将圆进行“区域等距”，“区域等距”为“向内”2mm，并对齐在矩形中间。完成图如下图所示。

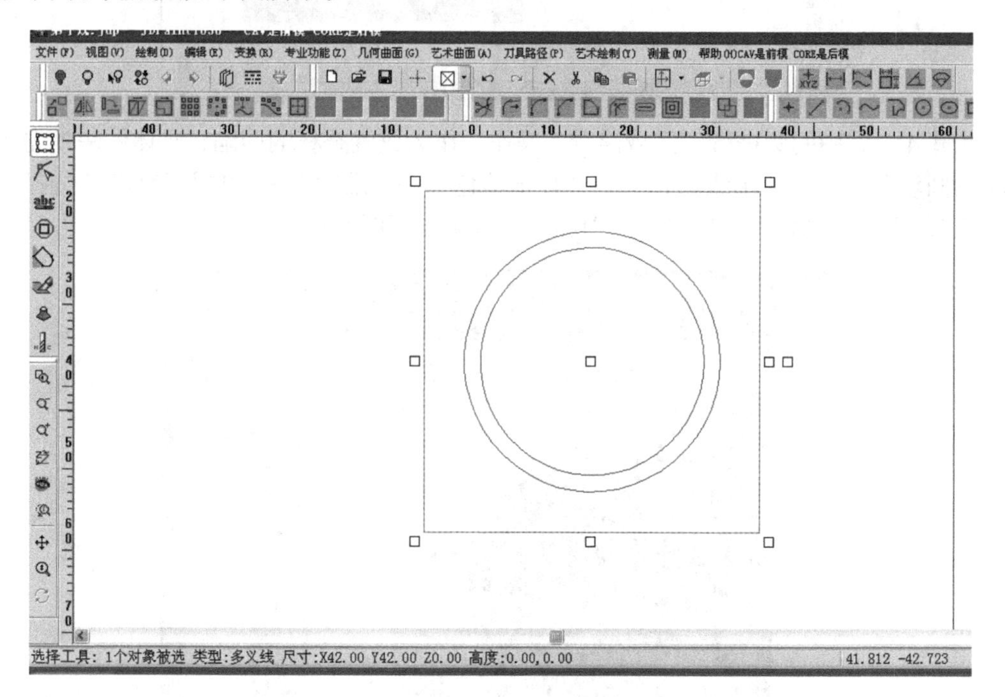

步骤 2：打字，分别输入“云”“水”“禅”“心”，选用隶书字体，进行“文字转图形”，调整合适的文字大小，并排列在四个角边上，距边 1mm。如下图所示。

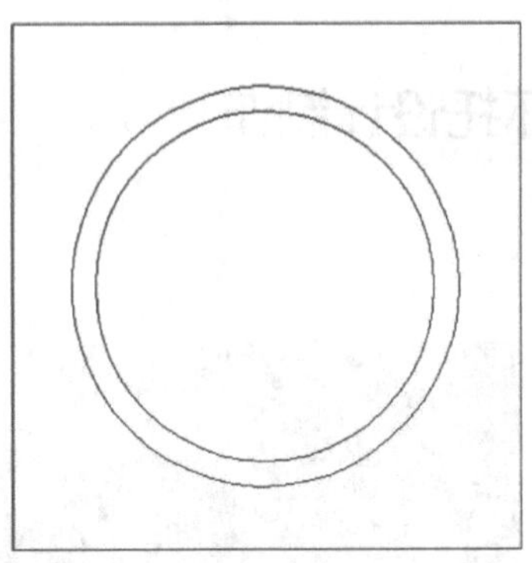

步骤 3：建立模型，如下图所示。

步骤 4：将中间圆进行“区域浮雕”操作，作为放置茶杯的凹陷，具体做法是先将中间小的圆填色，单击“单线填色”—“种子填色”—“雕塑”—“区域浮雕”，选择“完全等高”，填 2，选择“颜色内”—“切除”。效果如下图所示。

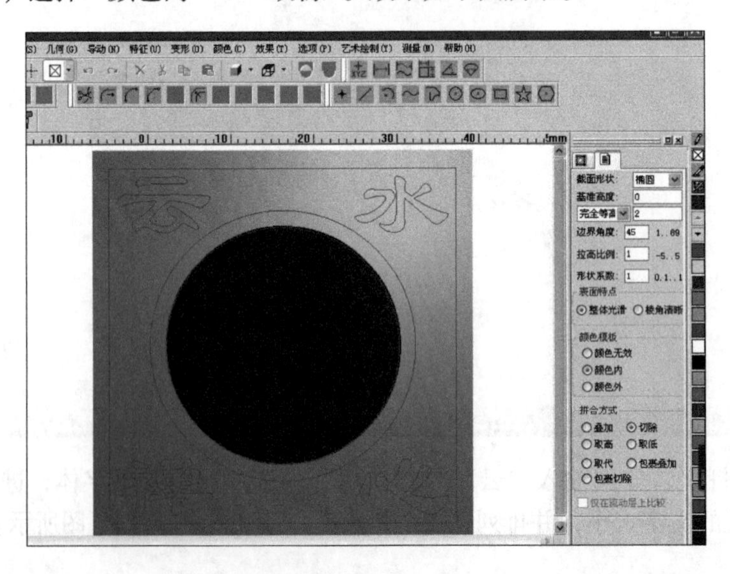

步骤 5：将两圆集合进行“区域浮雕”操作尺寸为 0.8mm，具体做法是先将两圆集合（可在二维状态下进行集合），两圆填同一种单线颜色，两圆中间填同单线一样的颜色，单击“单线填色”—“种子填色”—“雕塑”—“区域浮雕”，选择“完全等高”，填 0.8，选择“颜色内”“叠加”。效果如下图所示。

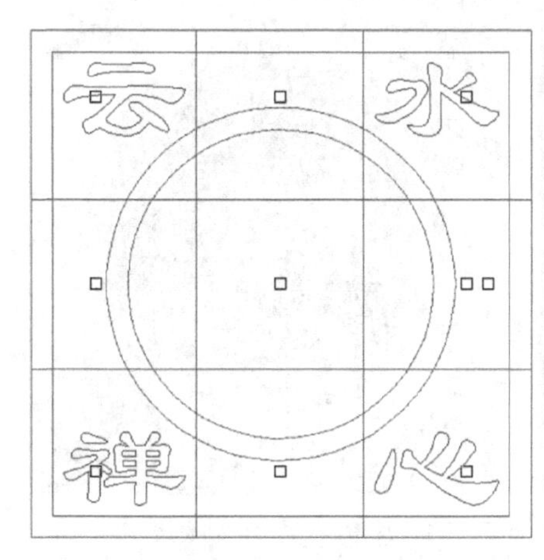

步骤 6：将文字“云”“水”“禅”“心”进行“区域浮雕”操作，尺寸为 0.6mm，具体做法是单击“单线填色”—“种子填色”—“雕塑”—“区域浮雕”，选择“完全等高”，填 0.6，选择“颜色内”—“叠加”。效果如下图所示。

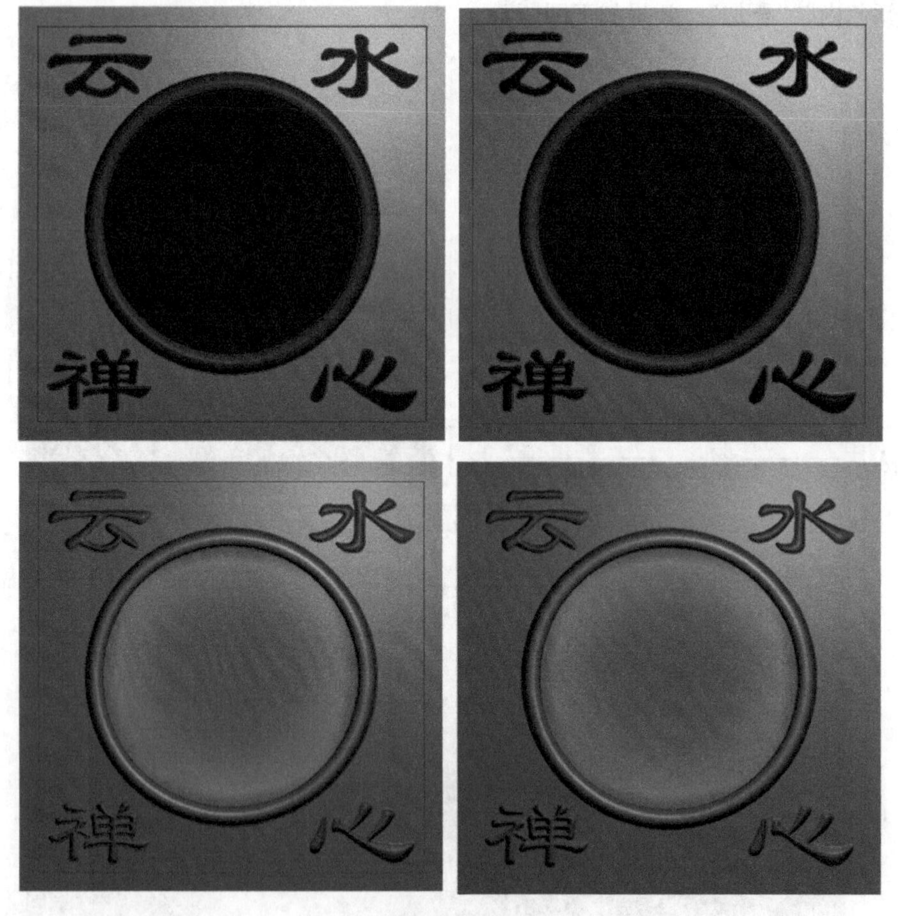

步骤 7：出路径，准备木料，上雕刻机进行雕刻。

案例九 镇尺设计制作

镇尺设计制作

本案例主要练习区域浮雕、曲面变形等命令工具。设计制作的镇尺（阳雕，文字凸起，尺面有弧形），如下图所示：

步骤 1：打开精雕软件（JDPaint），在二维状态下画一个 50mm×320mm 的矩形，并偏移生成另一个矩形（即复制形成两个，镇尺都是成对使用的）。具体做法：可以选定刚画好的 50mm×320mm 的矩形，按下键盘上的 Ctrl 键＋→键。完成图如下图所示。

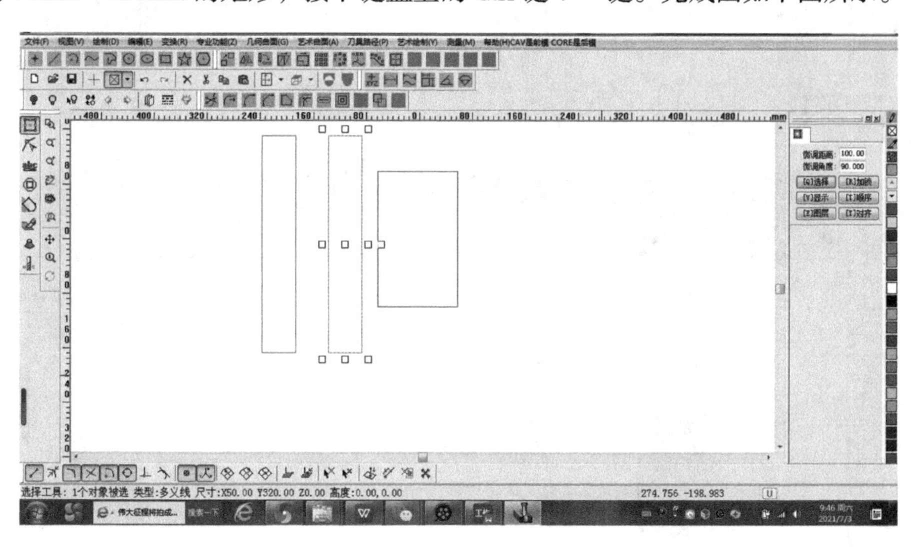

步骤 2：输入镇尺寸文字。分别输入“成花成树非一日之功”“精雕细琢乃恒心所致”，选用黑体字体（也可以选用自己喜欢的其他字体），进行“文字转图形”操作，根据矩形大小调整合适的文字大小，并进行调整，排列在两个矩形内（用对齐等命令）。如下

图所示。

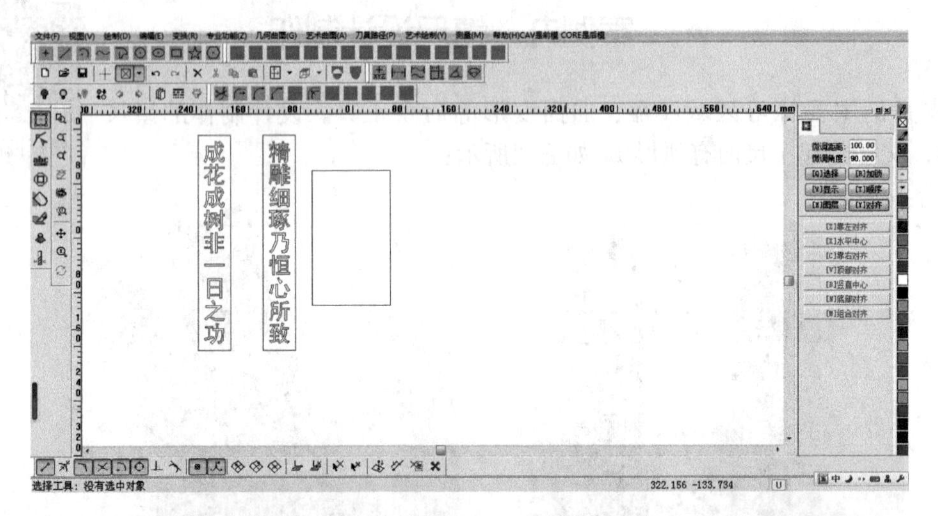

步骤 3：在虚拟雕塑工具下分别选择两个矩形新建模型，过程如下图所示。

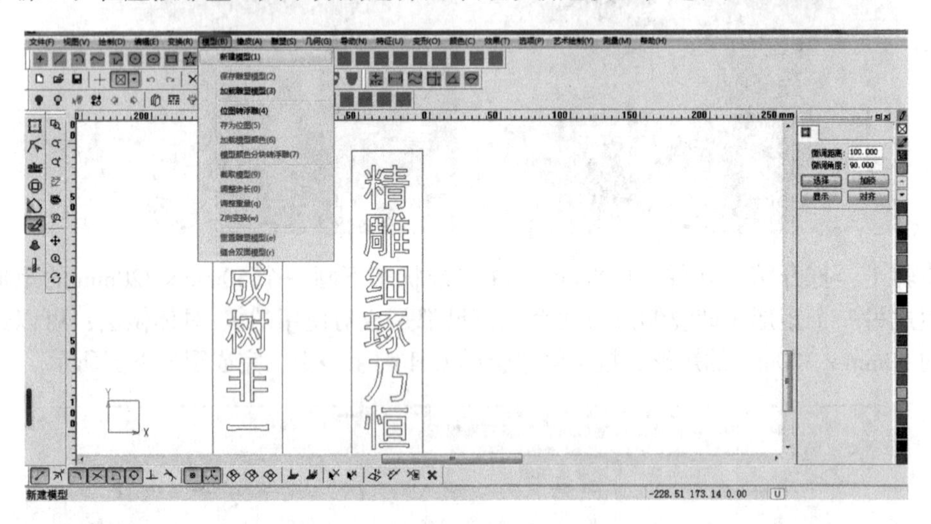

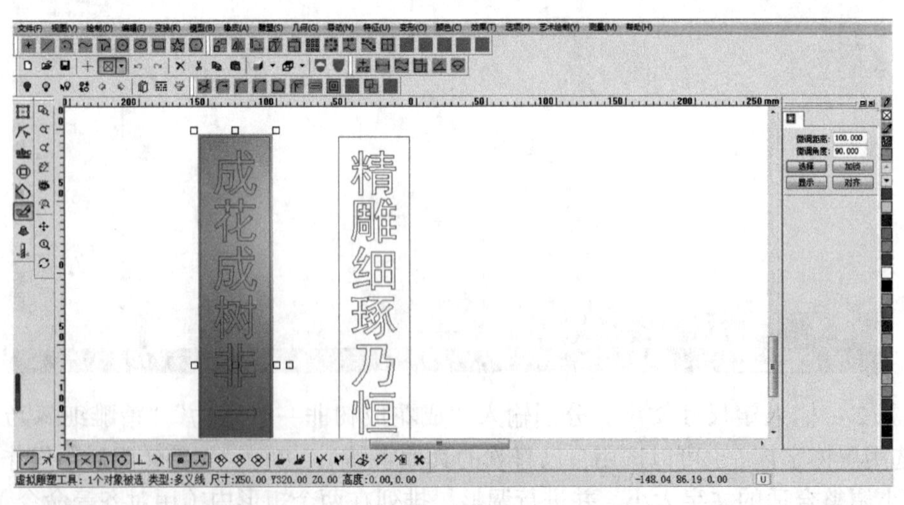

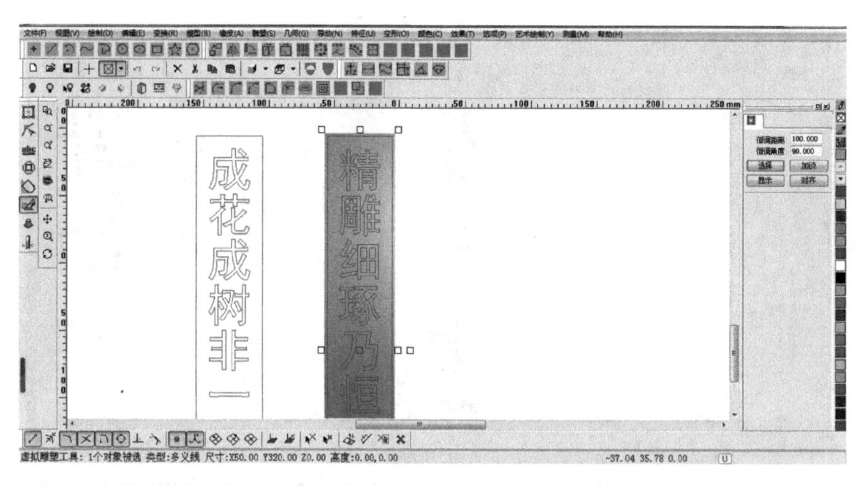

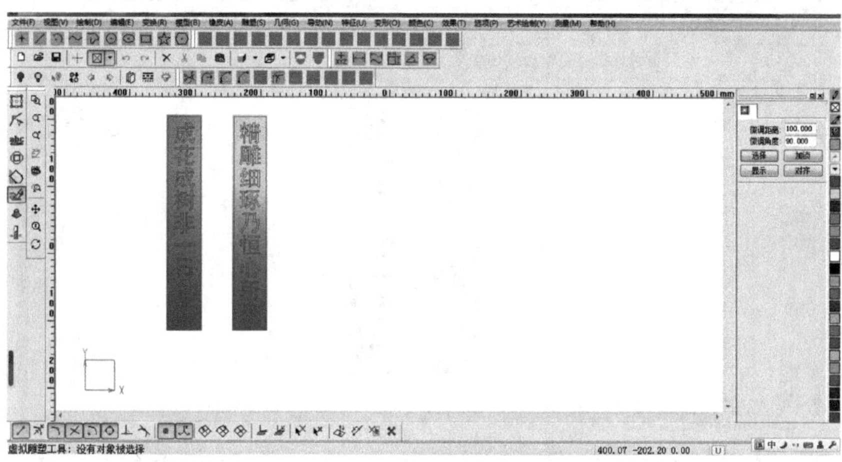

步骤 4：用“区域浮雕”将两个镇尺寸中间的字“成花成树非一日之功”“精雕细琢乃恒心所致”凸起 2mm 高度。具体做法：先确定字体笔画都是封闭的，用“雕塑”—“区域浮雕”命令，在右边参数控制栏中选择“完全等高”，填 2，选择“颜色无效”“取代”。效果如下图所示。

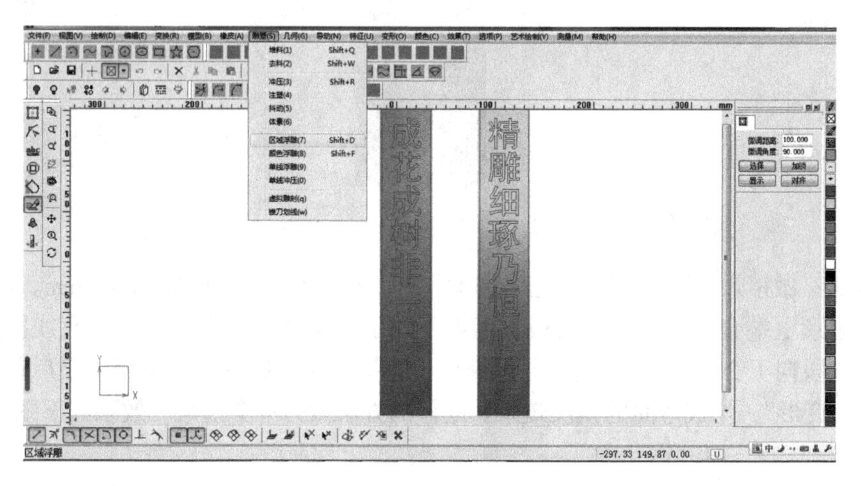

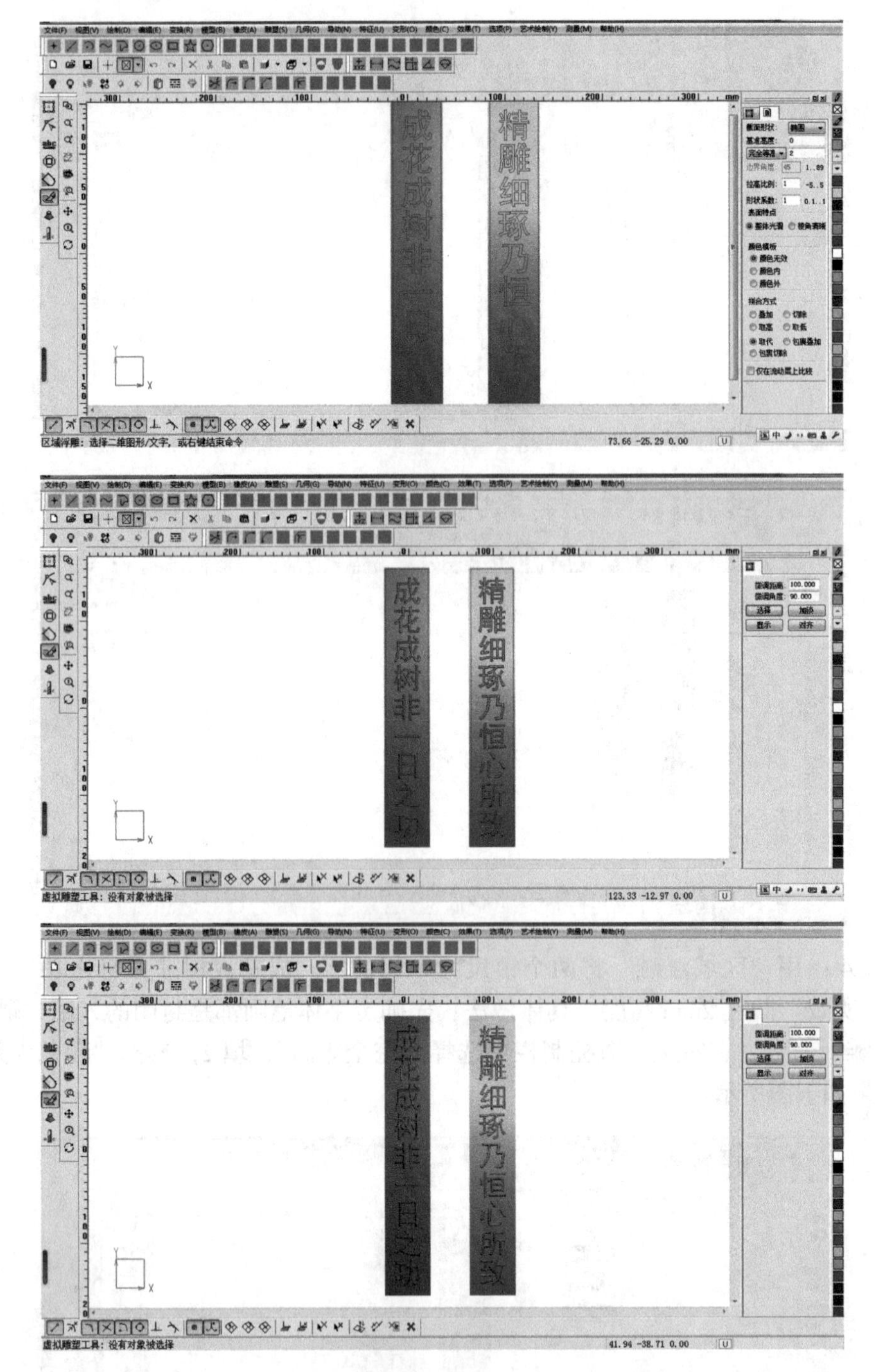

步骤 5：做镇尺曲面。用到“艺术曲面”—“变形命令”，曲面凸起 2mm。具体做法：先在一个矩形上端合适位置，画两段长度如下图示并相互对称平分垂直的直线段，并将水平方向的线段向下 2mm 复制一条，通过修剪、连接等命令做好弯曲路径，最后单击“艺术曲面”—“变形”，生成弯曲的镇尺效果。同样的方法做另一个镇尺，效果如下图所示。

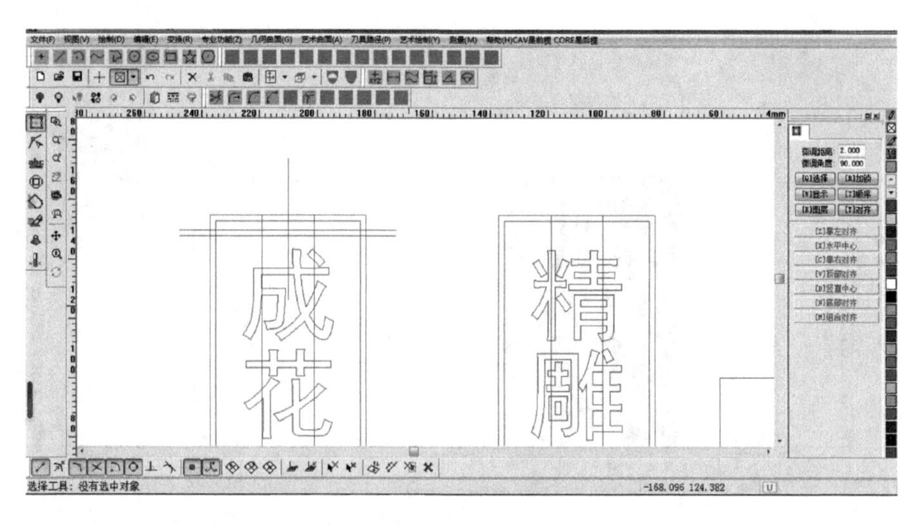
成
花
精
雕
选择工具：没有选中对象
-168.096 124.382

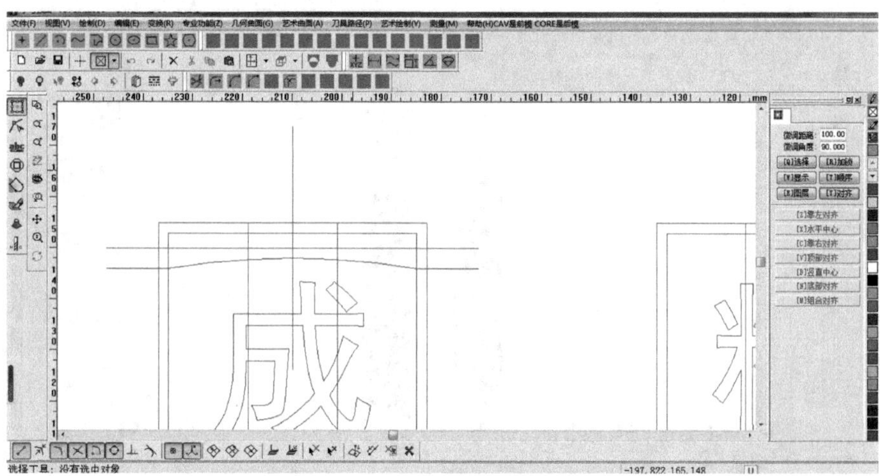
成
选择工具：没有选中对象
-197.822 165.148

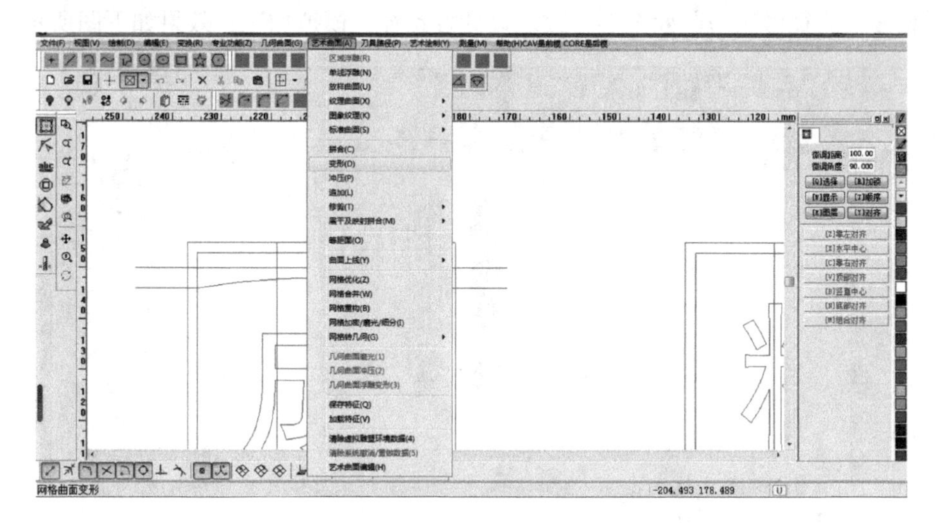
网格曲面变形
-204.493 178.489

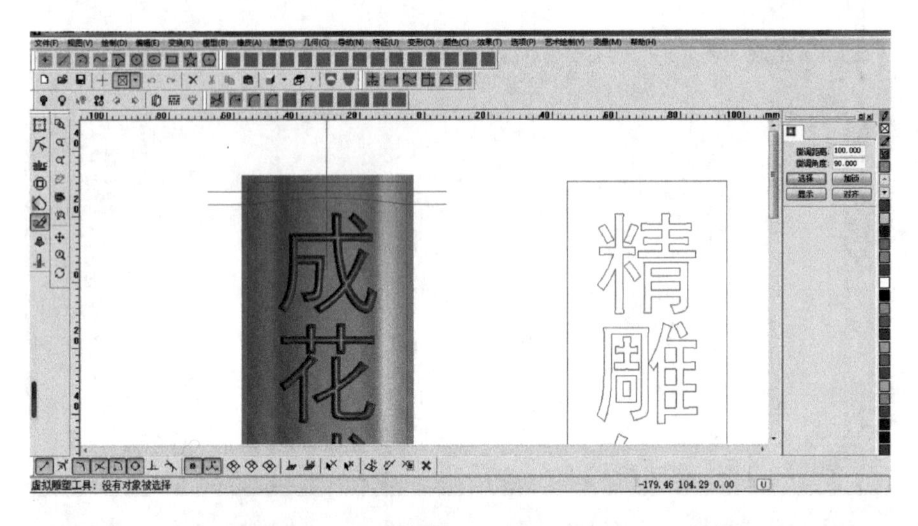

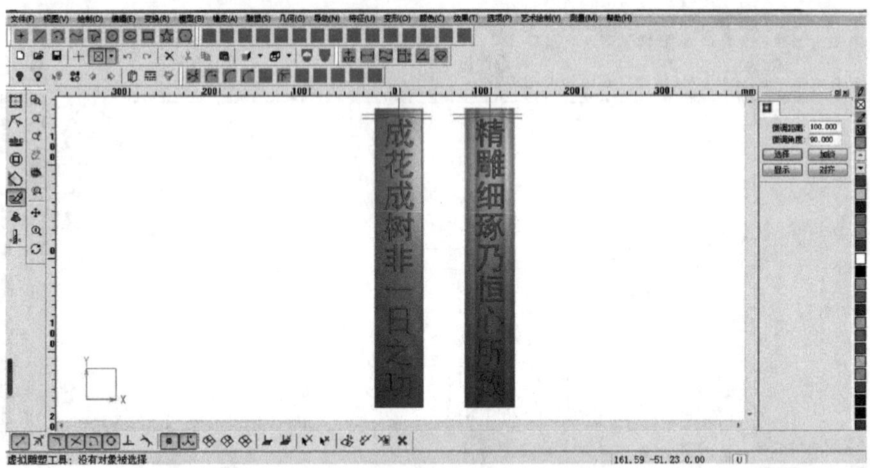

步骤 6：路径做法与前面案例一致。设计好路径，模拟加工，效果如下图所示。

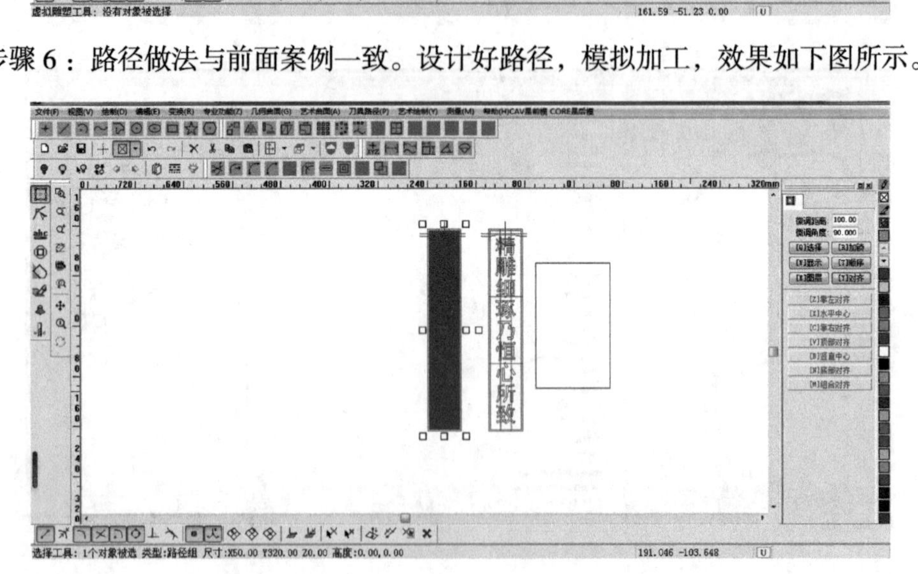

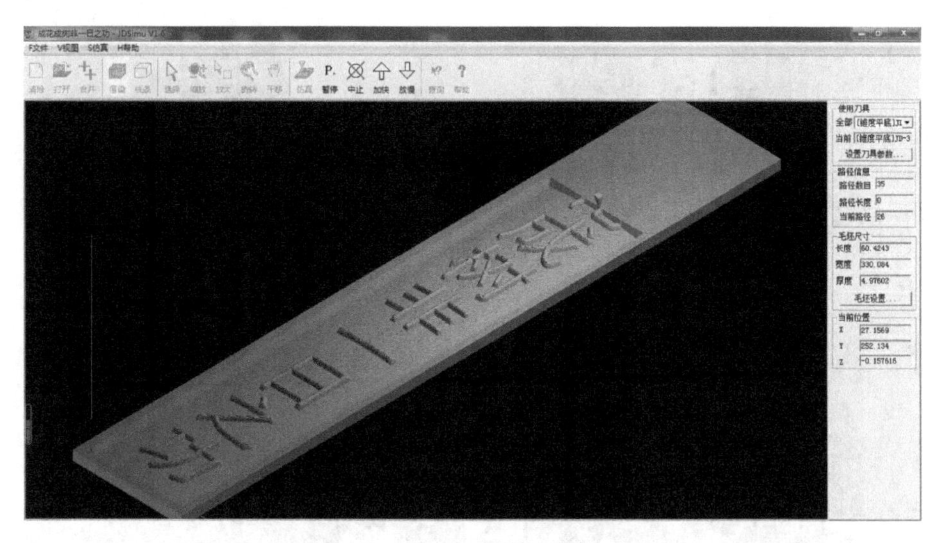

步骤 7：准备好木料进行装夹，注意操作规范，严格按照安全操作规程进行。

步骤 8：设备自动加工，监控过程。

步骤 9：加工完成，拆卸，严格按照安全操作规程进行，加工设备维护整理 (关水、关电、整理工具等)，后期对镇尺作品进行精细打磨，修整表面。

精雕细琢乃恒心所致
成花成树非一日之功

精雕细琢乃恒心所致
成花成树非一日之功

烟灰缸设计制作

案例十 烟灰缸设计制作

本案例设计与案例八相同，不同之处在于烟灰缸是中间部位比较深的雕刻，需要在做路径时分层。本例设计的烟灰缸中间深度为 15mm，如下图所示：

步骤 1：新建平面图案，外框尺寸为 100mm×100mm，两圆直径分别是 85mm 和 75mm，并打上文字“吸烟有害健康”，将文字调整到合适的大小和位置，注意文字“吸”“烟”“健”“康”是分别输入的，要将文字进行“文字转网格”（本设计是一个简单的烟灰缸，操作者可以在有能力的前提下设计更有创意的作品）。如下图所示。

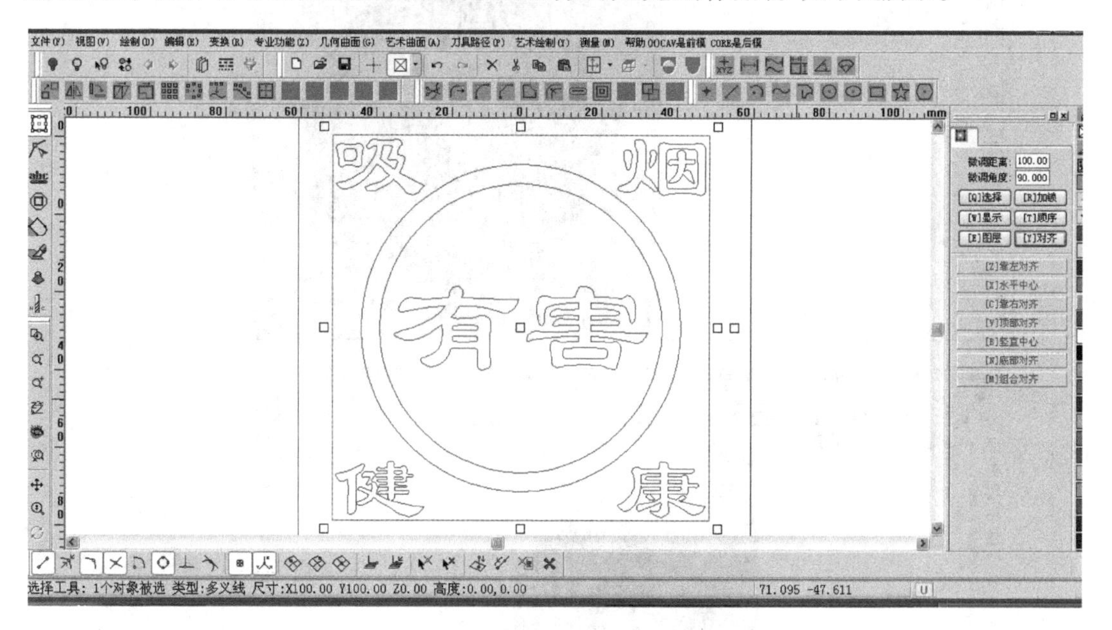

步骤 2：单击“模型”—新建模型—“填色”（单线填色、种子填色）—“冲压”—“区域浮雕”，中间圆冲压下去 12mm，两圆围边冲起 3mm，“有害”两字区域浮雕中起 2mm，“吸烟”“健康”区域浮雕冲起 1mm。注意两圆开始不要集合，先将中间冲压下去，再将两圆集合，进行区域浮雕，单线填成同一种颜色。作图过程及效果如下图所示。

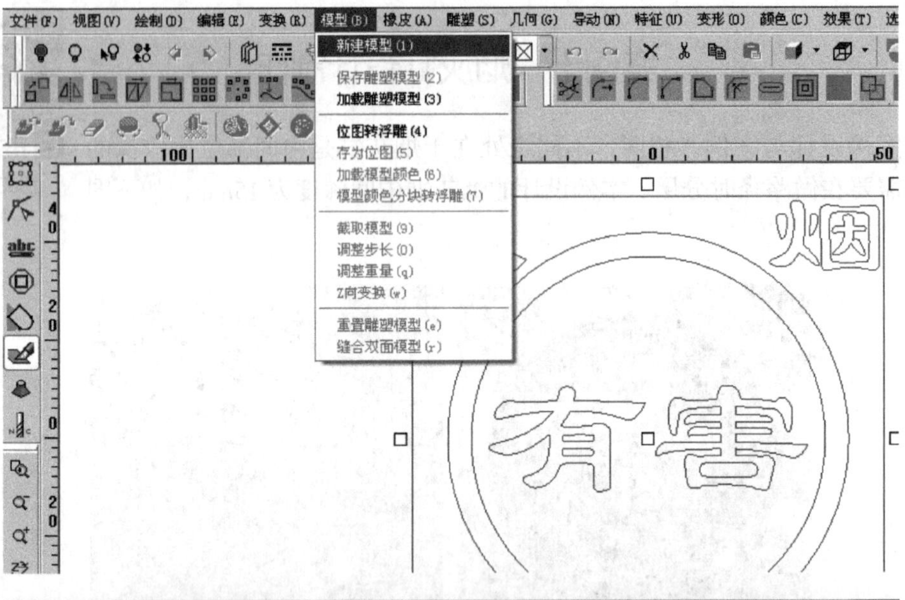

文件(F) 视图(V) 绘制(D) 编辑(E) 变换(R) 模型(B) 橡皮(A) 雕塑(S) 几何(G) 导动(N) 特征(U) 变形(O) 颜色(C) 效果(T)
新建模型(1)
保存雕塑模型(2)
加载雕塑模型(3)
位图转浮雕(4)
存为位图(5)
加载模型颜色(6)
模型颜色分块转浮雕(7)
截取模型(9)
调整步长(0)
调整重量(q)
Z向变换(w)
重置雕塑模型(e)
缝合双面模型(r)

文件(F) 视图(V) 绘制(D) 编辑(E) 变换(R) 模型(B) 橡皮(A) 雕塑(S) 几何(G) 导动(N) 特征(U) 变形(O) 颜色(C) 效果(T) 选项(P) 艺术绘制(Y)

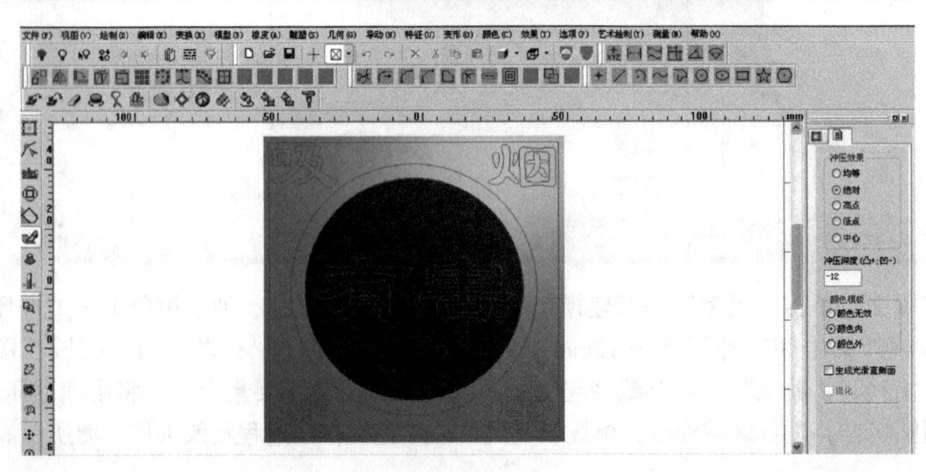

冲压效果
均等
绝对
高点
低点
中心
冲压深度(凸+;凹-)
-12
颜色模板
颜色无效
颜色内
颜色外
生成光滑直侧面

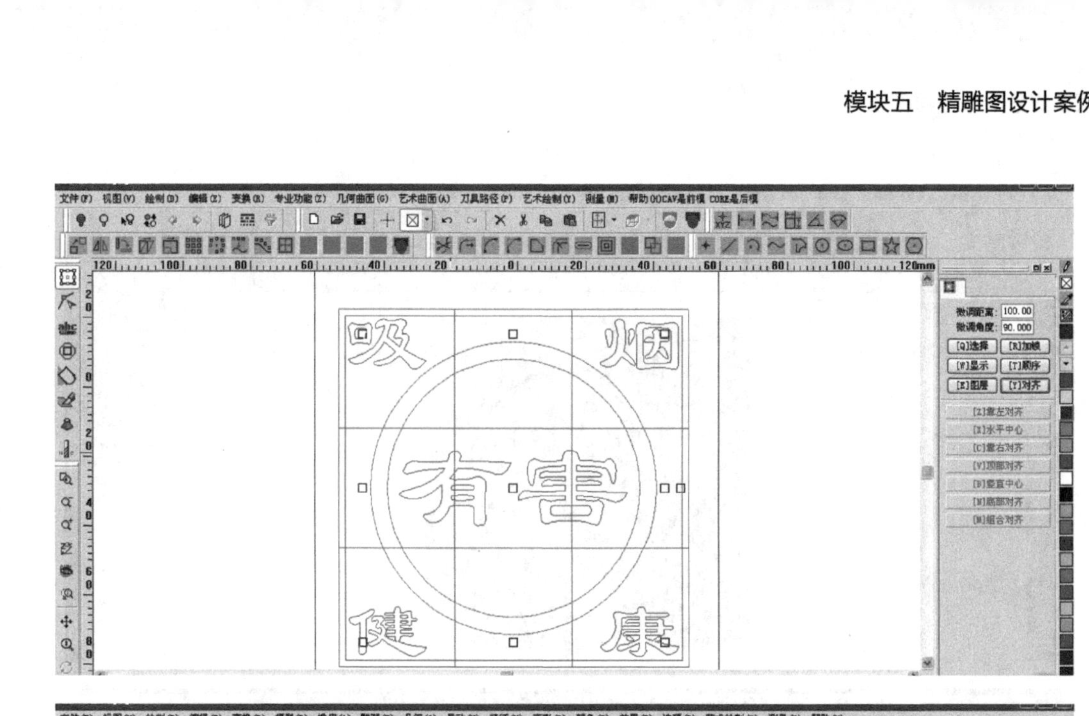
吸
烟
有害
健康

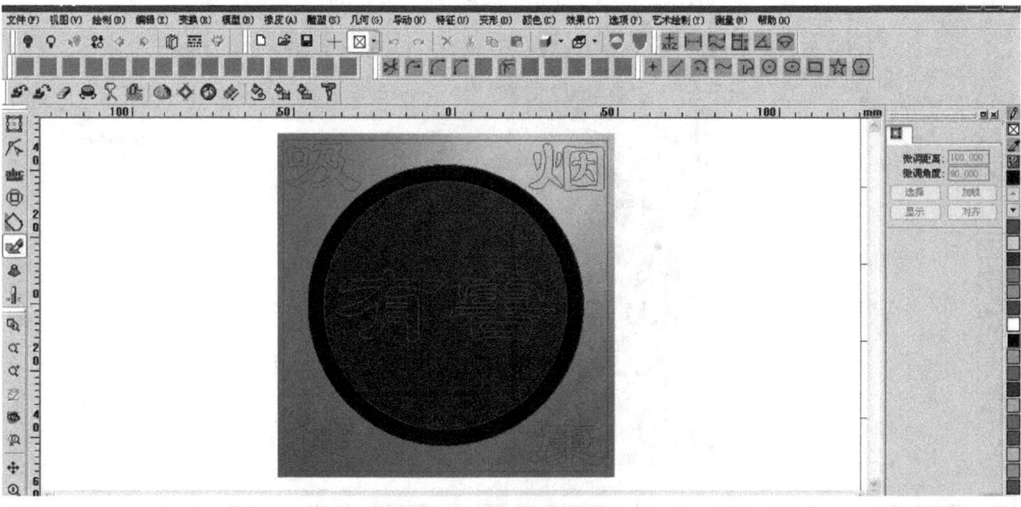
吸
烟

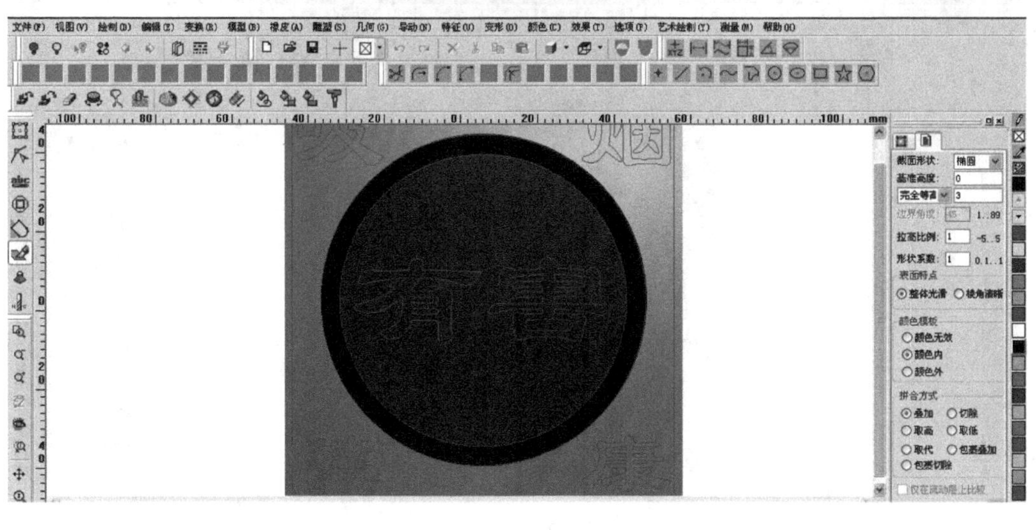
烟

烟
有害
冲压效果
均等
绝对
高点
低点
中心
冲压深度(凸+;凹-)
-12
颜色模板
颜色无效
颜色内
颜色外

吸
烟
有害
健
康

吸
烟
有害
健
康
颜色模板
颜色无效
颜色内
颜色外

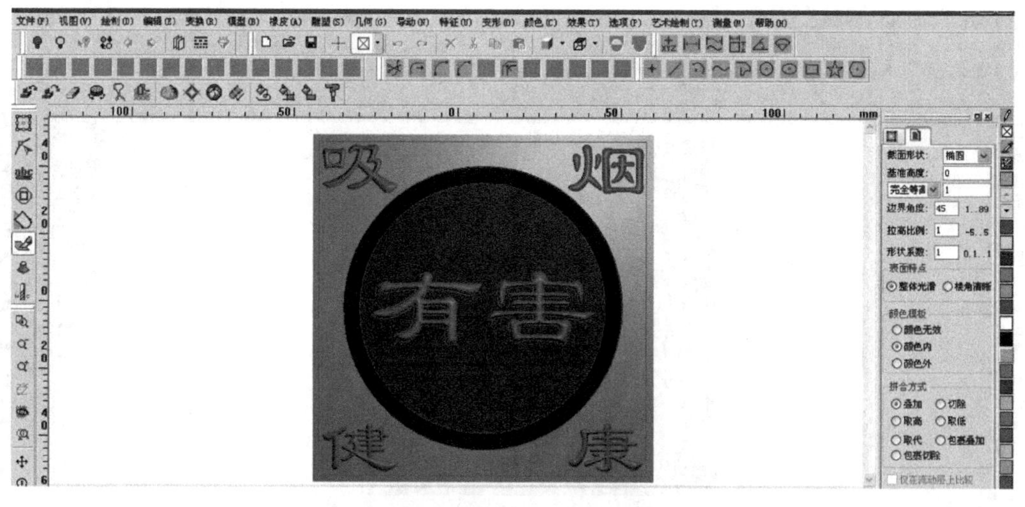

步骤 3：做路径，先进行 Z 向变换，操作方法与前面路径做法一样，只是雕刻深度不能一遍雕刻完成，要进行分层雕刻（一般超过 5mm 就要进行分层雕刻），本案例设计分四层进行雕刻。作图过程及效果如下图所示。

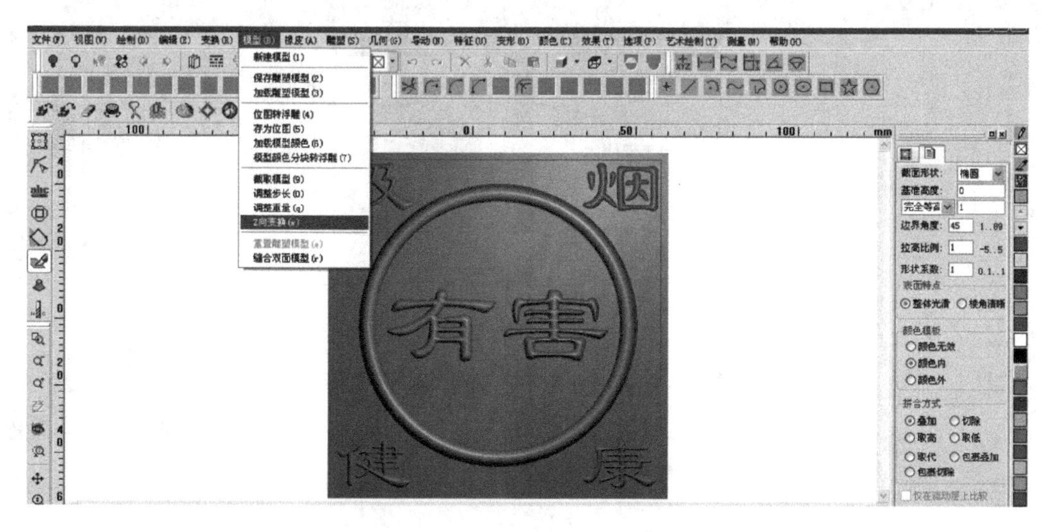

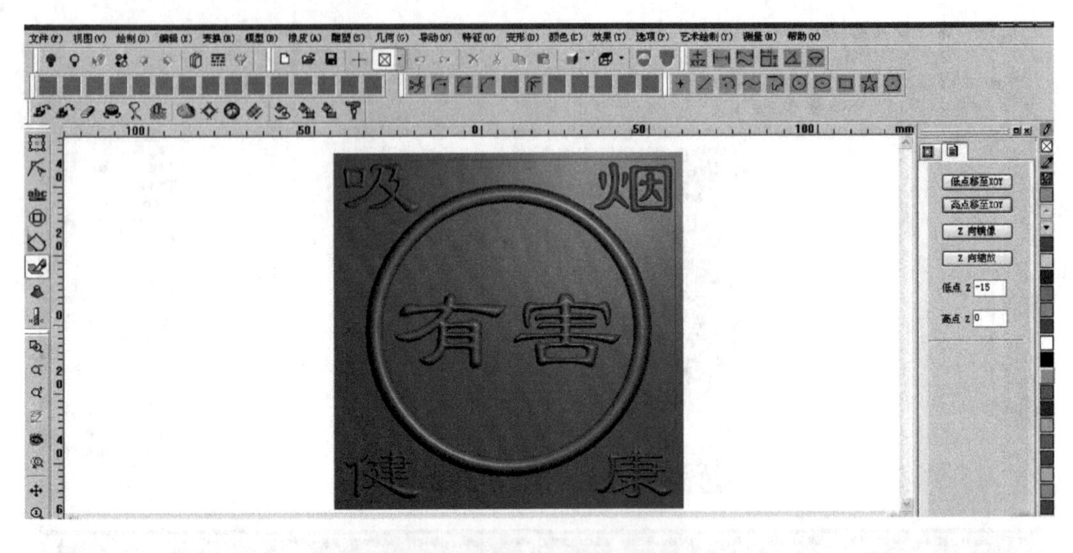

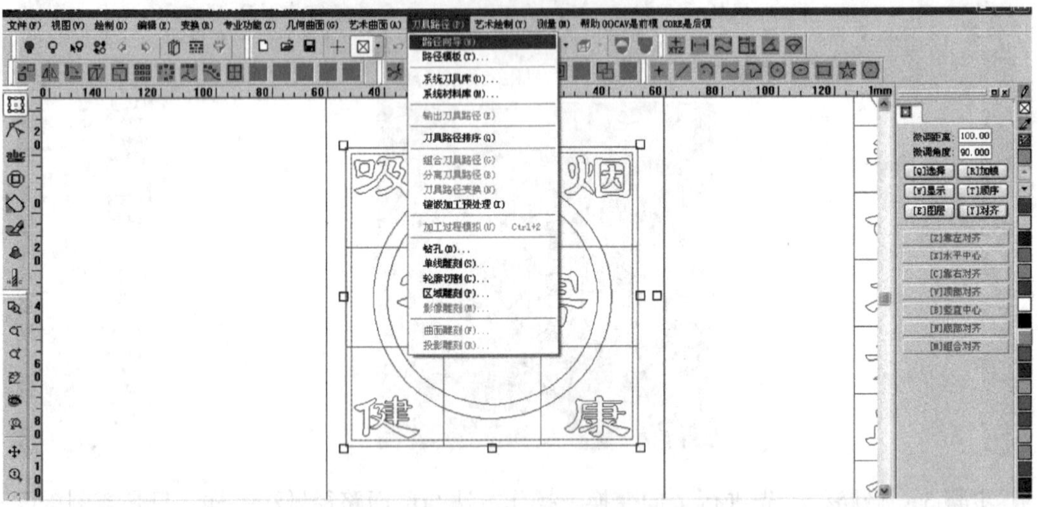

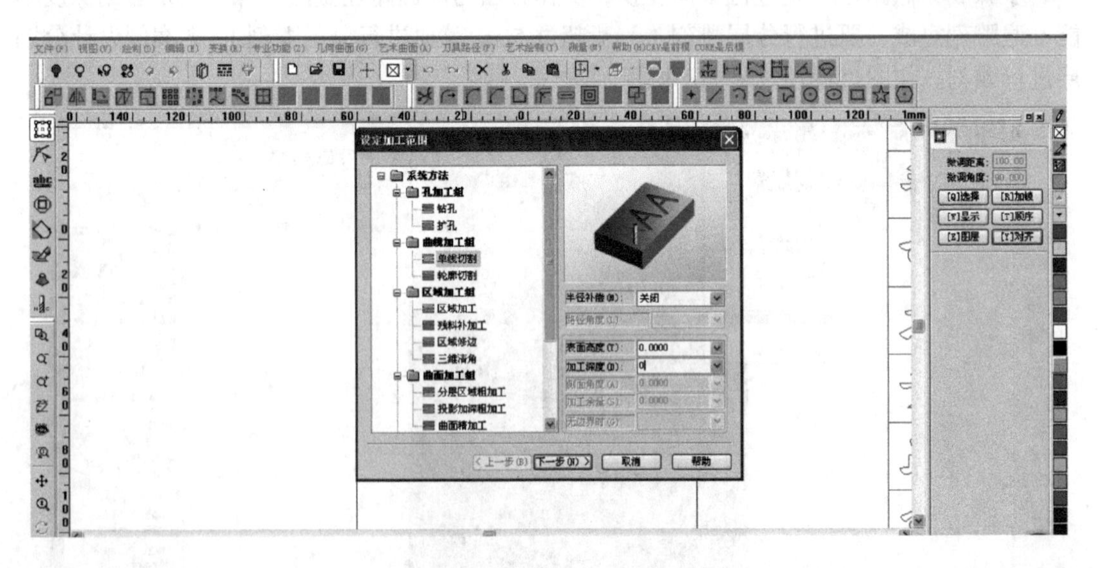

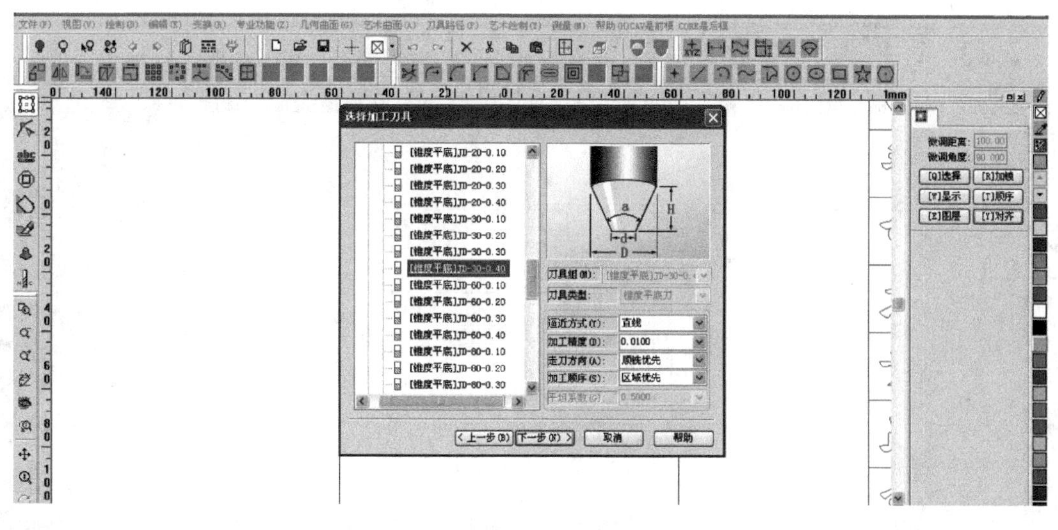
选择加工刀具
[锥度平底]JD-20-0.10
[锥度平底]JD-20-0.20
[锥度平底]JD-20-0.30
[锥度平底]JD-20-0.40
[锥度平底]JD-30-0.10
[锥度平底]JD-30-0.20
[锥度平底]JD-30-0.30
[锥度平底]JD-30-0.40
[锥度平底]JD-60-0.10
[锥度平底]JD-60-0.20
[锥度平底]JD-60-0.30
[锥度平底]JD-60-0.40
[锥度平底]JD-80-0.10
[锥度平底]JD-80-0.20
[锥度平底]JD-80-0.30
刀具组(M):
刀具类型:
逼近方式(V):
直线
加工精度(D):
0.0100
走刀方向(A):
顺铣优先
加工顺序(S):
区域优先
<上一步(B)
下一步(N)>
取消
帮助

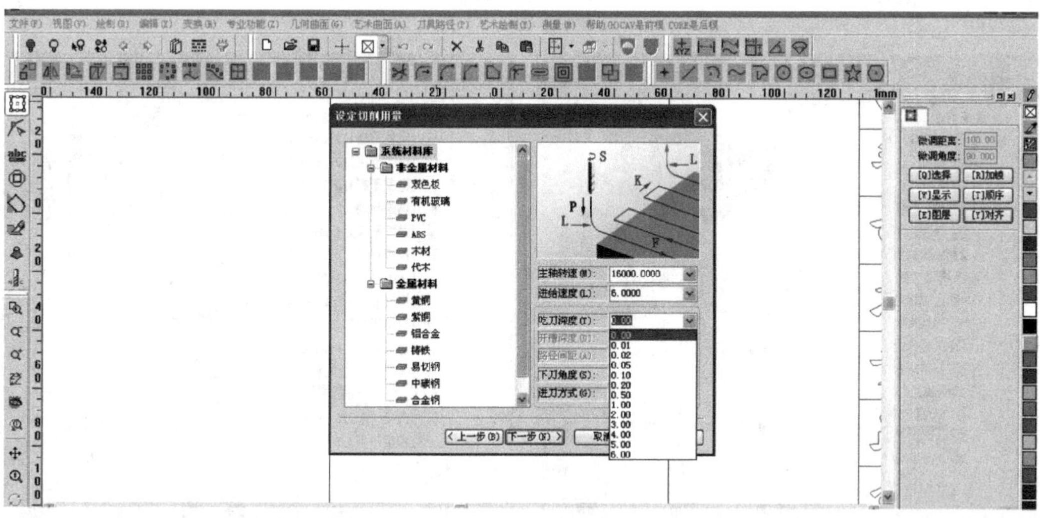
设定切削用量
系统材料库
非金属材料
双色板
有机玻璃
PVC
ABS
木材
代木
金属材料
黄铜
紫铜
铝合金
铸铁
易切钢
中碳钢
合金钢
主轴转速(M):
16000.0000
进给速度(L):
6.0000
吃刀深度(T):
下刀角度(G):
进刀方式(O):
<上一步(B)
下一步(N)>

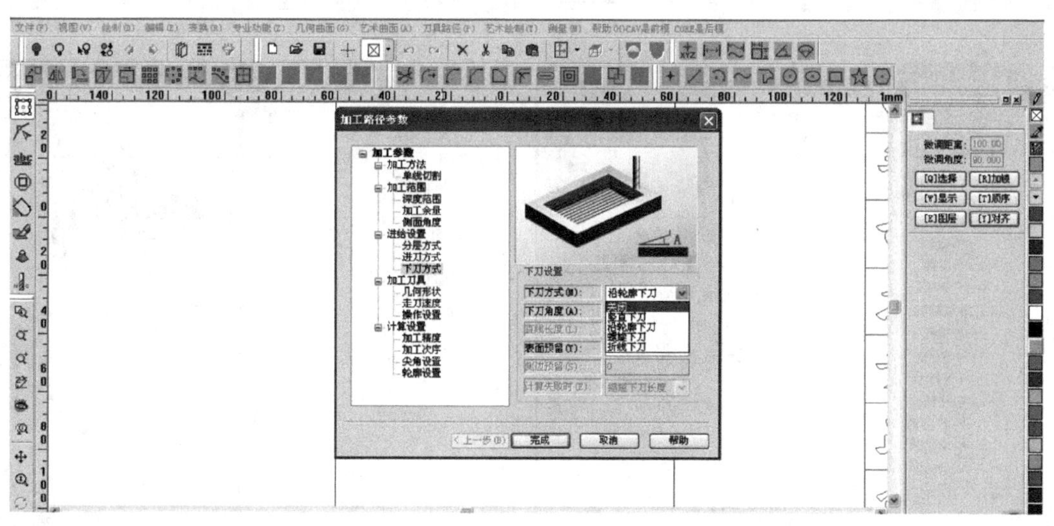
加工路径参数
加工参数
加工方法
单线切割
加工范围
深度范围
加工余量
侧面角度
进给设置
分层方式
进刀方式
下刀方式
加工刀具
几何形状
走刀速度
操作设置
计算设置
加工精度
加工次序
尖角设置
轮廓设置
下刀设置
下刀方式(M):
沿轮廓下刀
下刀角度(A):
表面预留(Y):
<上一步(B)
完成
取消
帮助

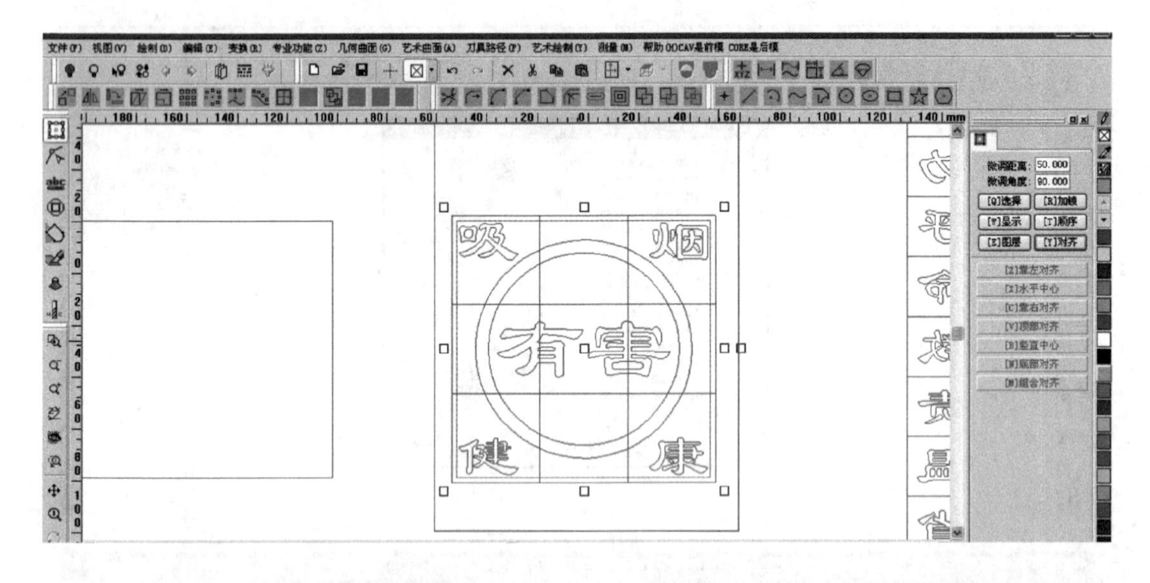
吸
烟
有害
健
康
微调距离: 50.000
微调角度: 90.000

设定加工范围
系统方法
孔加工组
钻孔
扩孔
曲线加工组
单线切割
轮廓切割
区域加工组
区域加工
残料补加工
区域修边
三维清角
曲面加工组
分层区域粗加工
投影加深粗加工
曲面精加工
走刀方式(M): 平行截线(粗)
路径角度(L): 0.0000
表面高度(T): 0.0000
加工深度(D): 15.0500
侧面角度(A): 0.0000
加工余量(S): 0.1500
无边界时(G):
上一步(B)
下一步(N)
取消
帮助

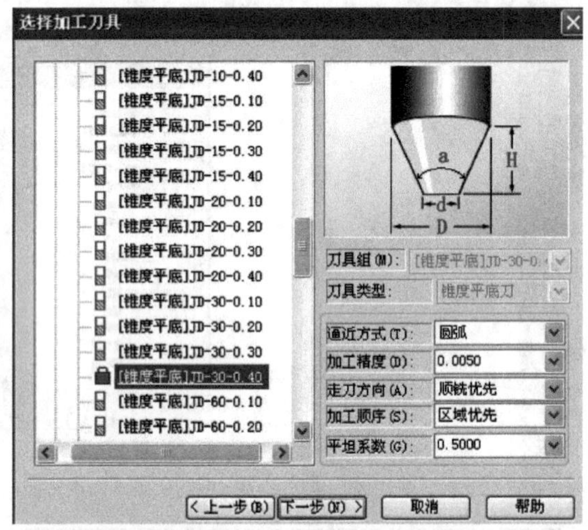
选择加工刀具
[锥度平底]JD-10-0.40
[锥度平底]JD-15-0.10
[锥度平底]JD-15-0.20
[锥度平底]JD-15-0.30
[锥度平底]JD-15-0.40
[锥度平底]JD-20-0.10
[锥度平底]JD-20-0.20
[锥度平底]JD-20-0.30
[锥度平底]JD-20-0.40
[锥度平底]JD-30-0.10
[锥度平底]JD-30-0.20
[锥度平底]JD-30-0.30
[锥度平底]JD-30-0.40
[锥度平底]JD-60-0.10
[锥度平底]JD-60-0.20
a
H
d
D
刀具组(M):
刀具类型: 锥度平底刀
逼近方式(T): 圆弧
加工精度(D): 0.0050
走刀方向(A): 顺铣优先
加工顺序(S): 区域优先
平坦系数(G): 0.5000
上一步(B)
下一步(N)
取消
帮助

设定切削用量
系统材料库
非金属材料
双色板
有机玻璃
PVC
ABS
木材
代木
金属材料
黄铜
紫铜
铝合金
铸铁
易切钢
中碳钢
合金钢
S
L
K
P
F
主轴转速(M): 16000.0000
进给速度(L): 6.0000
吃刀深度(T): 15.0500
开槽深度(D): 0.0000
路径间距(A): 0.1600
下刀角度(S): 0.5000
进刀方式(G): 关闭
上一步(B)
下一步(N)
取消
帮助

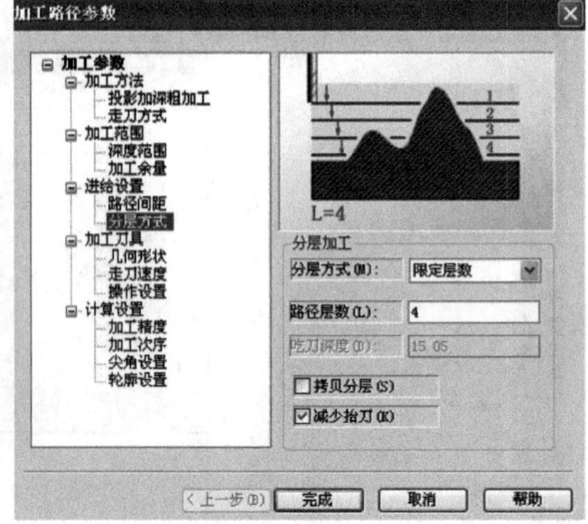
加工路径参数
加工参数
加工方法
投影加深粗加工
走刀方式
加工范围
深度范围
加工余量
进给设置
路径间距
分层方式
加工刀具
几何形状
走刀速度
操作设置
计算设置
加工精度
加工次序
尖角设置
轮廓设置
1
2
3
4
L=4
分层加工
分层方式(M): 限定层数
路径层数(L): 4
吃刀深度(D): 15.05
拷贝分层(S)
减少抬刀(K)
上一步(B)
完成
取消
帮助

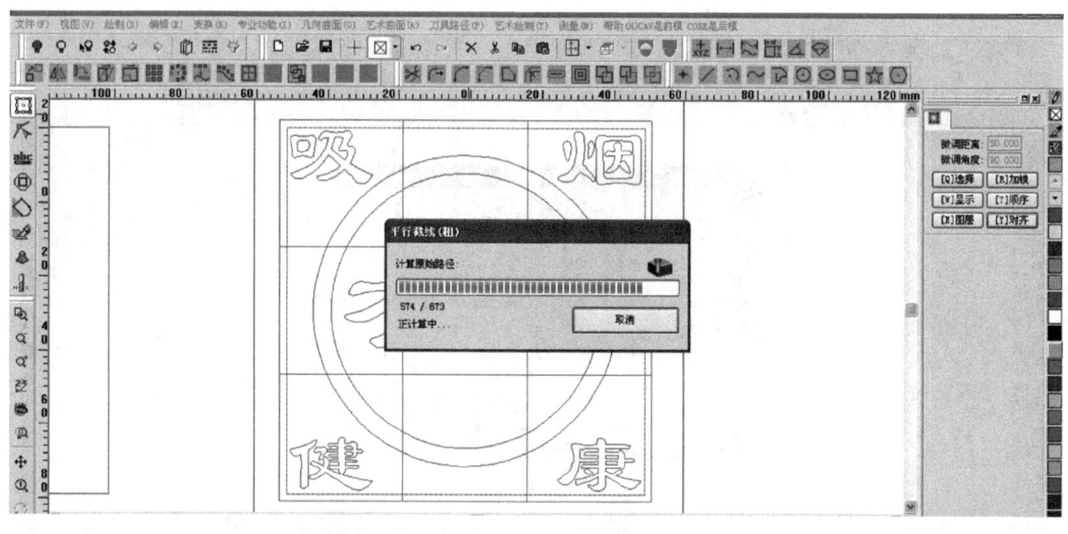
吸
烟
健
康
计算原始路径：
574 / 673
正计算中...
取消

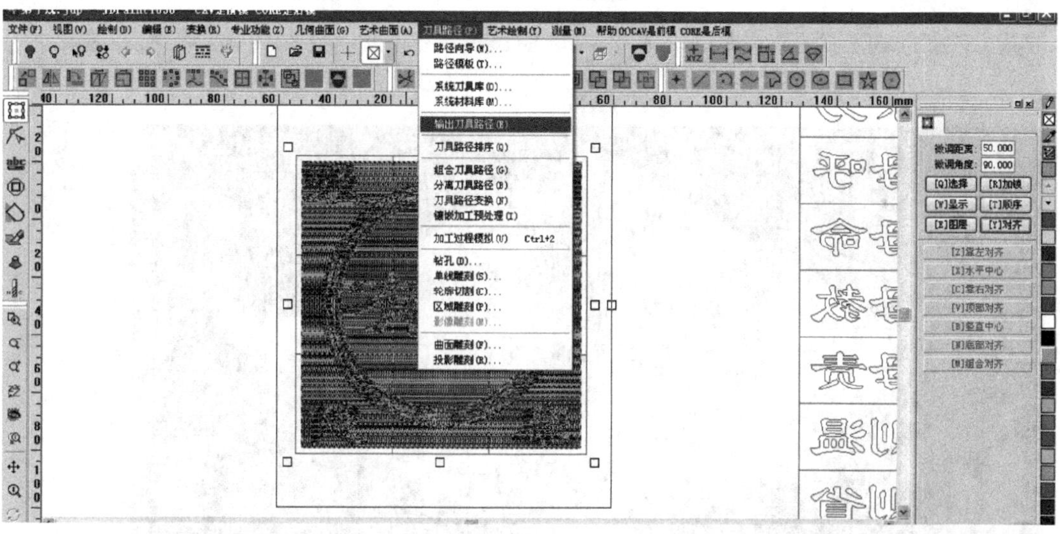
路径向导(W)...
路径模板(T)...
系统刀具库(D)...
系统材料库(M)...
输出刀具路径(O)
刀具路径排序(Q)
组合刀具路径(G)
分离刀具路径(B)
刀具路径变换(F)
镶嵌加工预处理(I)
加工过程模拟(V)　Ctrl+2
钻孔(D)...
单线雕刻(S)...
轮廓切割(C)...
区域雕刻(P)...
影像雕刻(H)...
曲面雕刻(F)...
投影雕刻(R)...

刀具路径输出
保存在(I)：
桌面
Recent
桌面
我的文档
我的电脑
网上邻居
文件名(N)：
烟灰缸
保存类型(T)：
En3d Files (*.eng)
保存(S)
取消

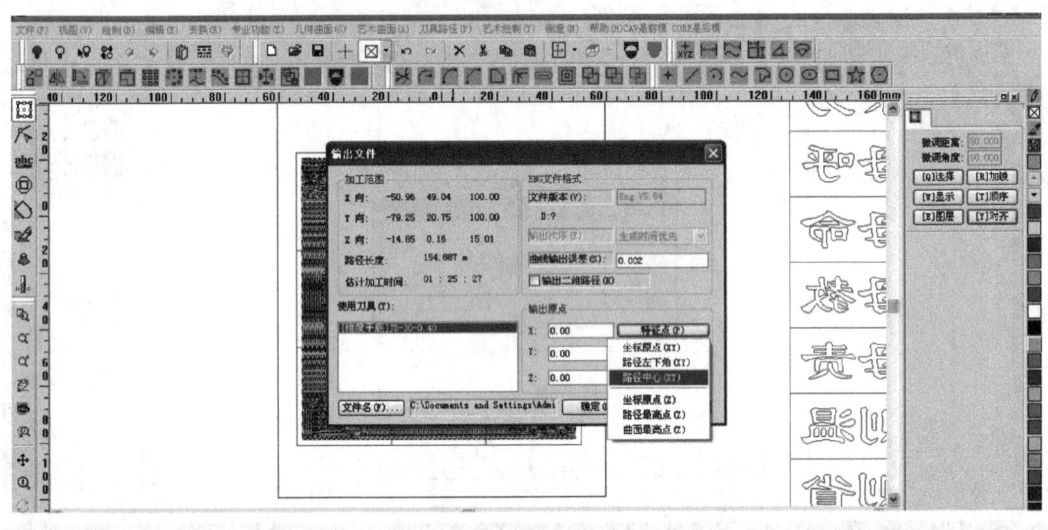

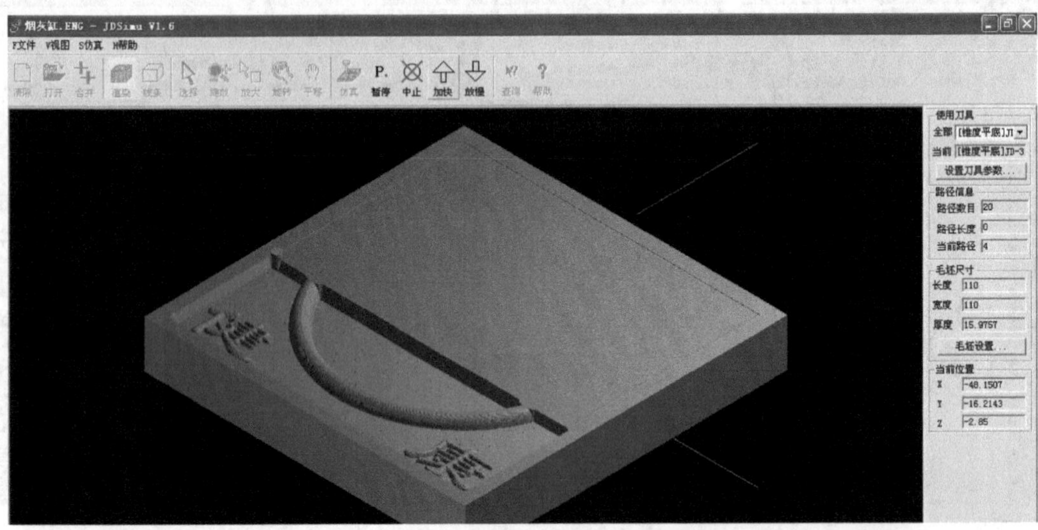

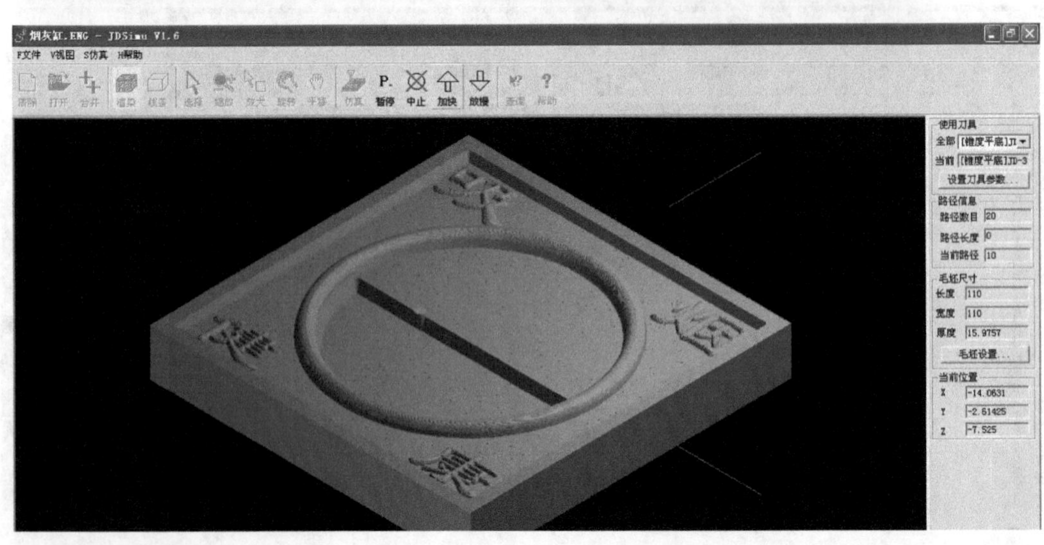

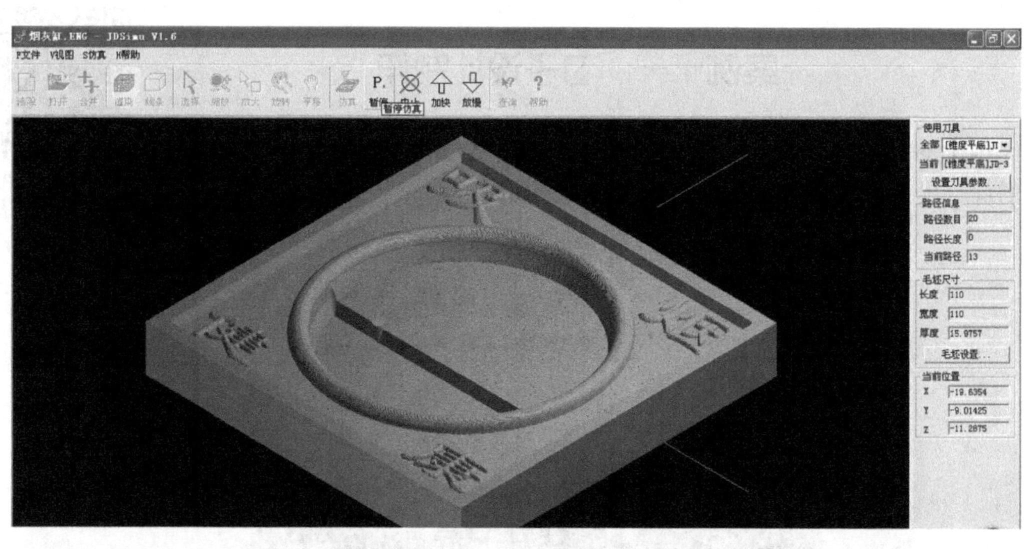
烟灰缸.ENG - JDSimu V1.6
F文件 V视图 S仿真 H帮助
清除 打开 合并 渲染 线条 选择 缩放 放大 旋转 平移 仿真 暂停 中止 加快 放慢 查询 帮助
暂停仿真
使用刀具
全部 [锥度平底]JT
当前 [锥度平底]JD-3
设置刀具参数...
路径信息
路径数目 20
路径长度 0
当前路径 13
毛坯尺寸
长度 110
宽度 110
厚度 15.9757
毛坯设置...
当前位置
X -19.6354
Y -9.01425
Z -11.2875

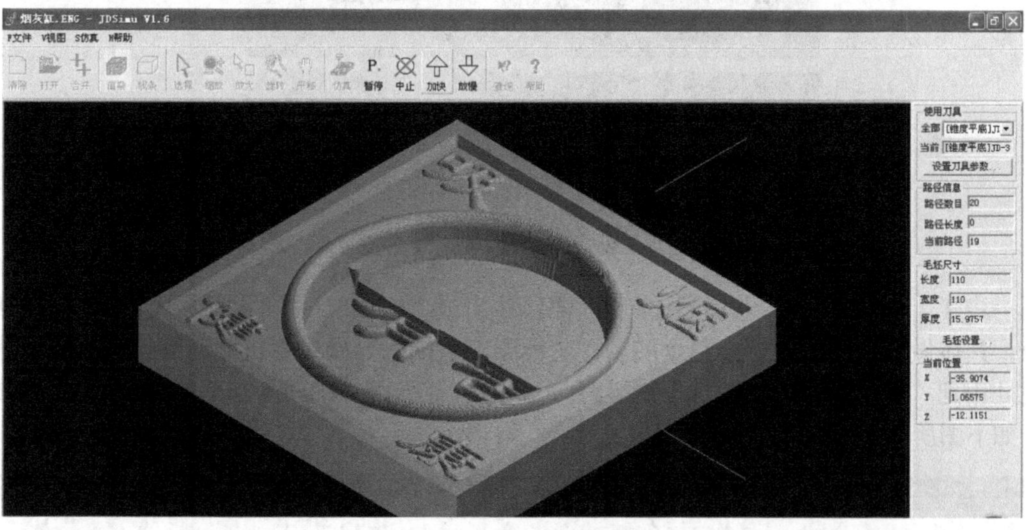
烟灰缸.ENG - JDSimu V1.6
F文件 V视图 S仿真 H帮助
清除 打开 合并 渲染 线条 选择 缩放 放大 旋转 平移 仿真 暂停 中止 加快 放慢 查询 帮助
使用刀具
全部 [锥度平底]JT
当前 [锥度平底]JD-3
设置刀具参数...
路径信息
路径数目 20
路径长度 0
当前路径 19
毛坯尺寸
长度 110
宽度 110
厚度 15.9757
毛坯设置...
当前位置
X -35.9074
Y 1.06575
Z -12.1151

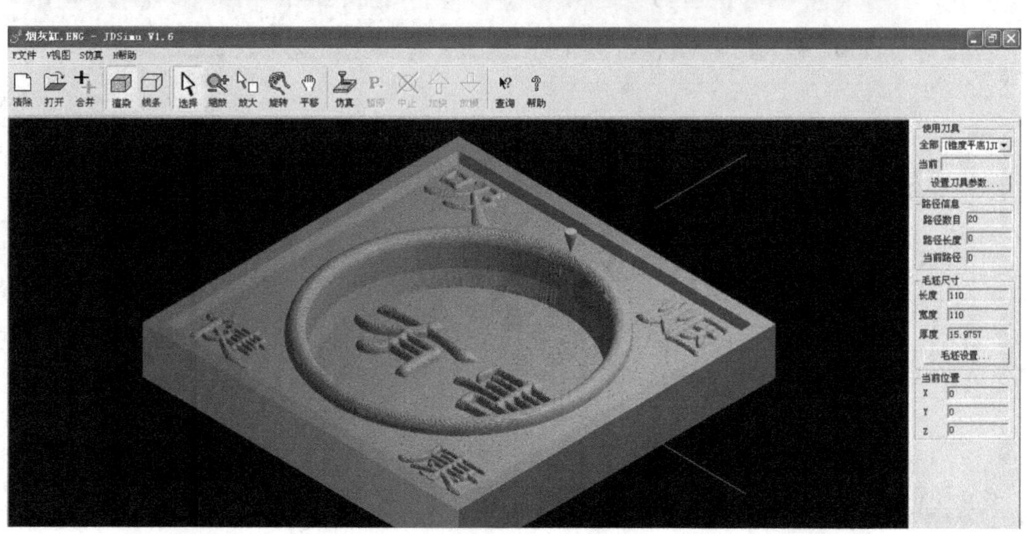
烟灰缸.ENG - JDSimu V1.6
F文件 V视图 S仿真 H帮助
清除 打开 合并 渲染 线条 选择 缩放 放大 旋转 平移 仿真 暂停 中止 加快 放慢 查询 帮助
使用刀具
全部 [锥度平底]JT
当前
设置刀具参数...
路径信息
路径数目 20
路径长度 0
当前路径 0
毛坯尺寸
长度 110
宽度 110
厚度 15.9757
毛坯设置...
当前位置
X 0
Y 0
Z 0

勺子设计制作

案例十一　勺子设计制作

勺子的形式有很多，本案例是练习去料、区域浮雕、文字、拼图等操作的综合设计。本案例设计最终效果如下图所示：

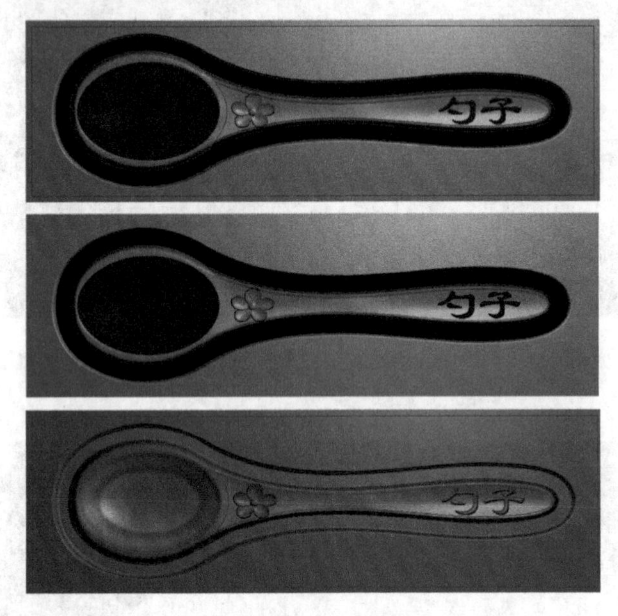

步骤 1：新建平面图案，长方形外框尺寸为 188mm×56mm，内部居中画勺子外形线条，具体做法：勺子部分画三个椭圆，勺柄画三条曲线。操作者自行调整到合适的形状。此处用到“椭圆”“多义线”“单线等距”“修剪”等平面二维图绘制工具。二维设计图效果如下图所示。

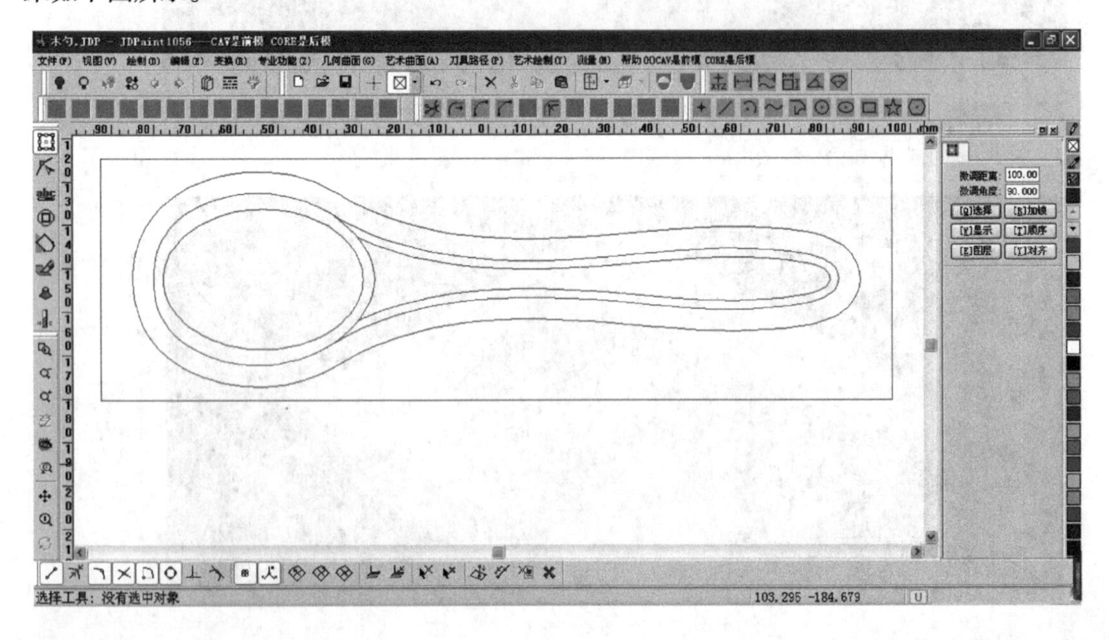

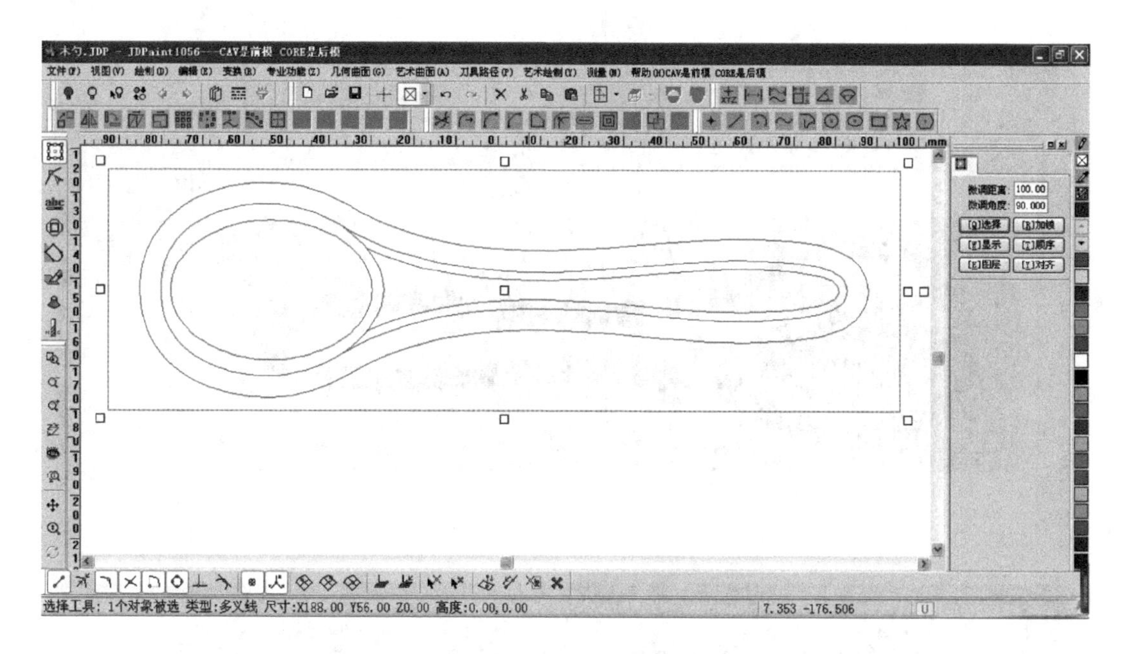

步骤 2：输入灰度图，进行图像截取，选一朵花的图案，用于勺柄拼图，生成网格，调整合适尺寸。另外在勺柄外端输入“勺子”两字，调整合适尺寸。效果如下图所示。

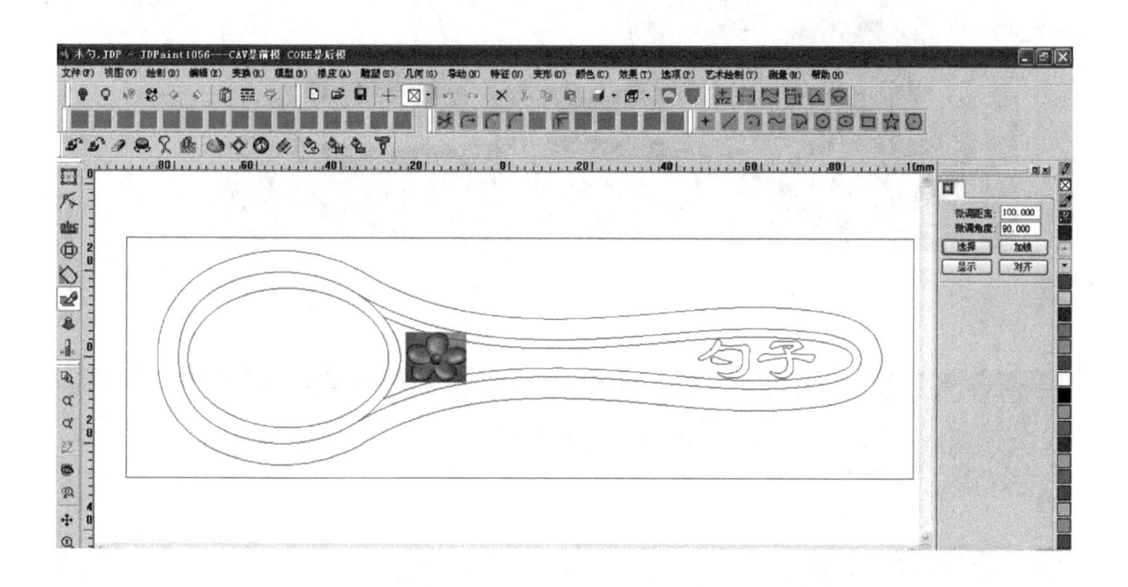

步骤 3：选中长方形外框，新建模型，进行填色，注意线条的封闭，填色用于分区域进行“冲压”“区域浮雕”“磨光”“去料”等虚拟雕塑操作，冲压深度为 6mm。效果如下图所示。

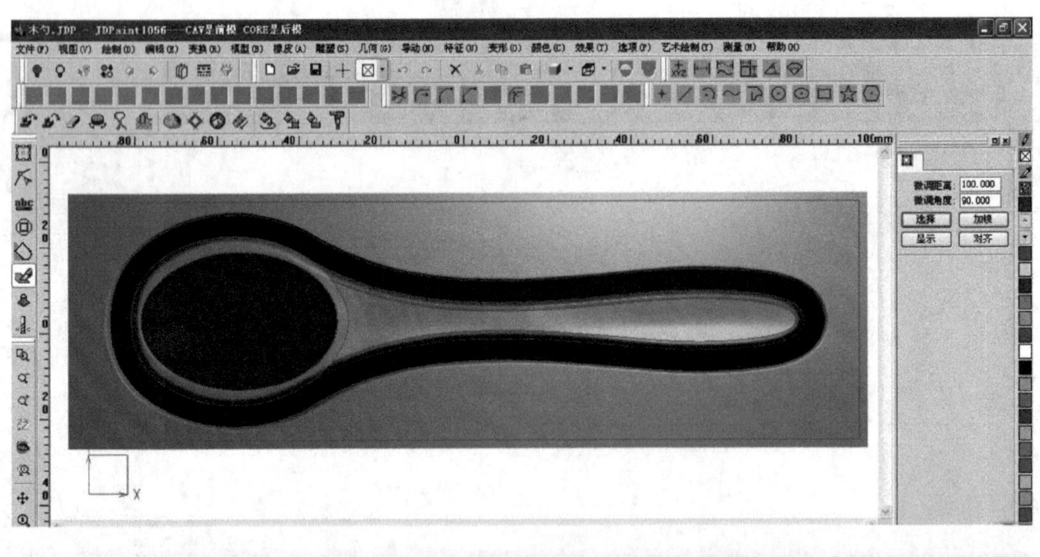
木勺.JDP - JDPaint1056——CAV是前模 CORE是后模
微调距离 100.000
微调角度 90.000
选择
加锁
显示
对齐

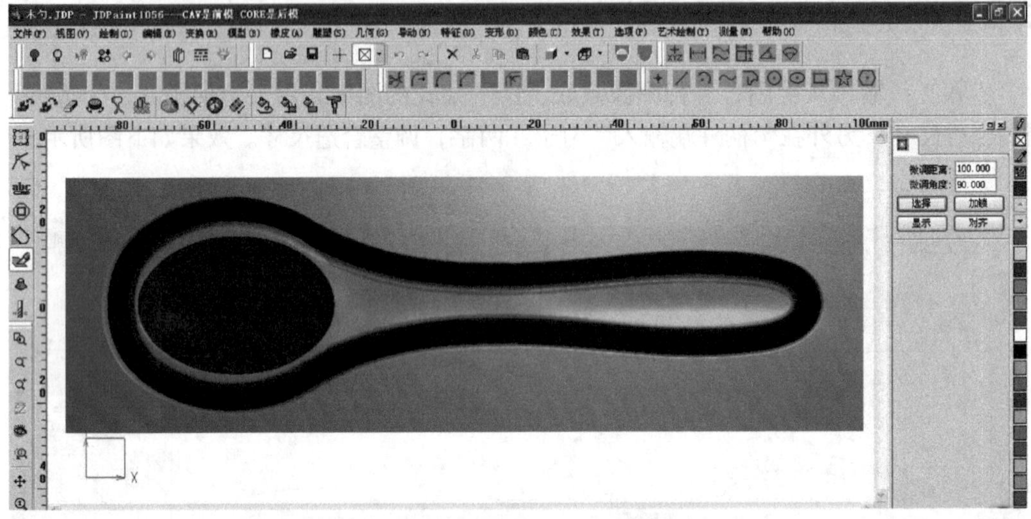
木勺.JDP - JDPaint1056——CAV是前模 CORE是后模
微调距离 100.000
微调角度 90.000
选择
加锁
显示
对齐

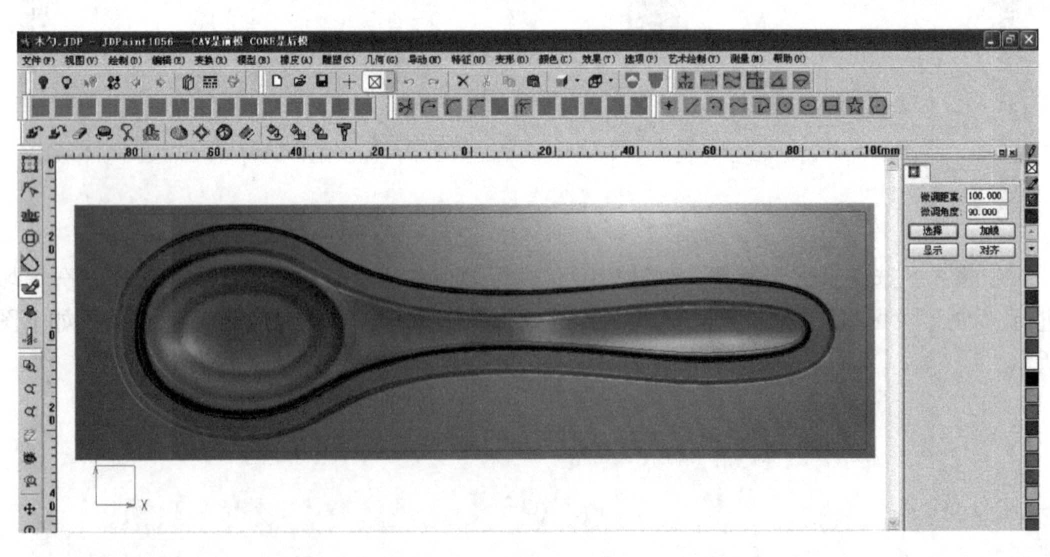
木勺.JDP - JDPaint1056——CAV是前模 CORE是后模
微调距离 100.000
微调角度 90.000
选择
加锁
显示
对齐

步骤 4：拼图。将生成的花朵移动到勺子合适的位置，进行拼图操作，将文字“勺子”进行填色，进行“区域浮雕”，高度为 0.8mm。效果如下图。

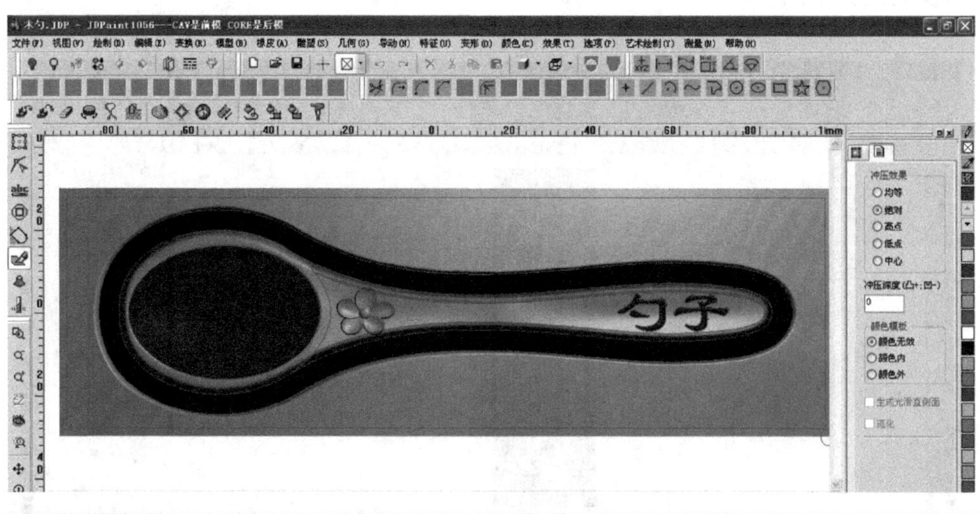

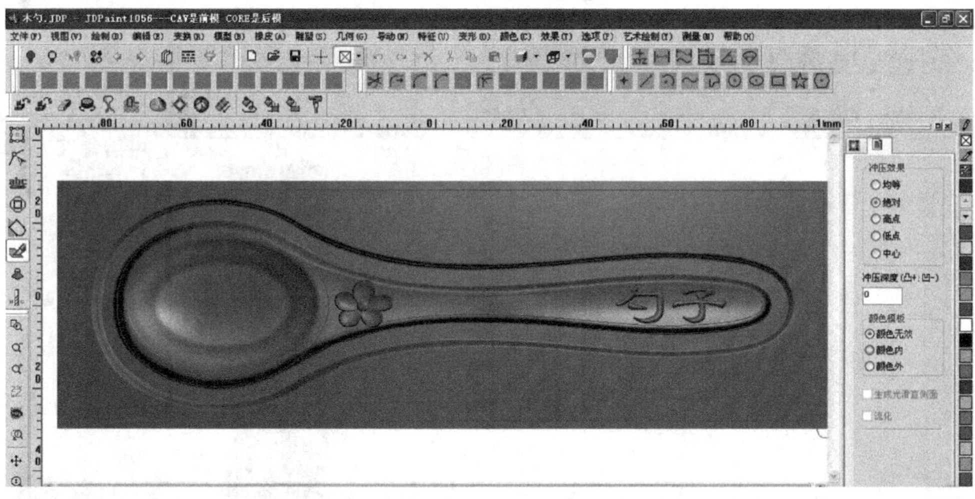

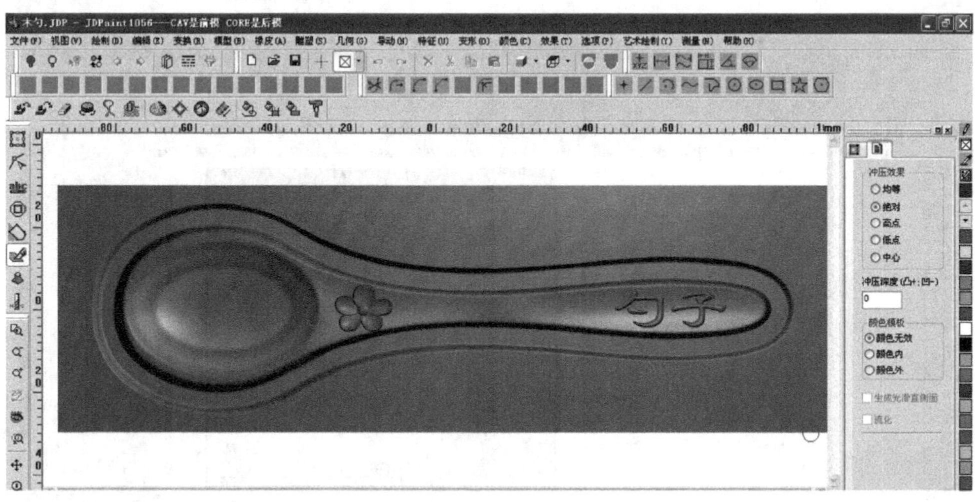

步骤 5：做路径。由于板件是竖着固定的，需将模型调整为竖向。注意需要分两层进行雕刻，在设计路径前，注意对模型进行“模型”“Z 向变换”“高点移至 XOY”操作。作图过程及效果如下图所示。

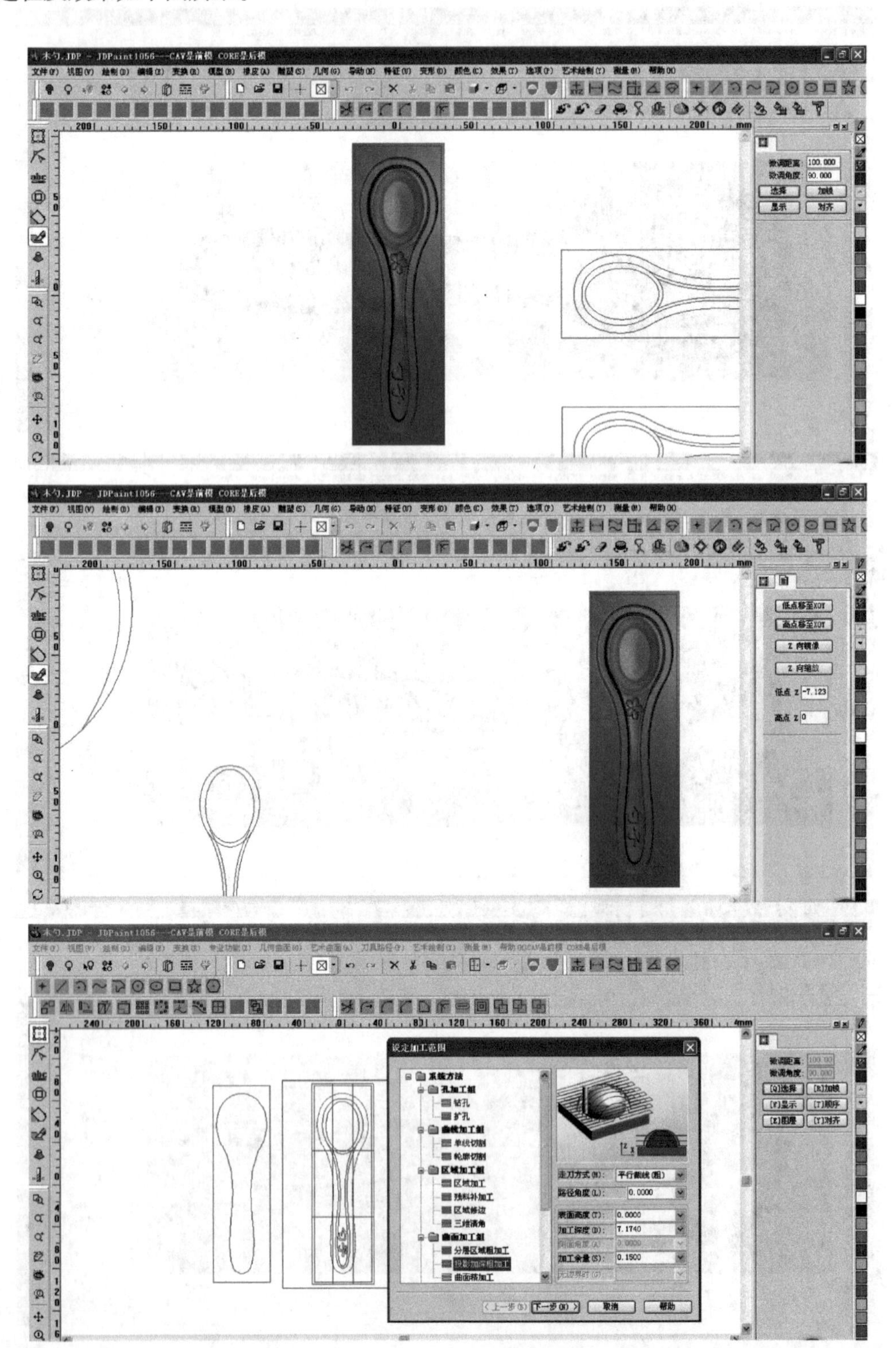

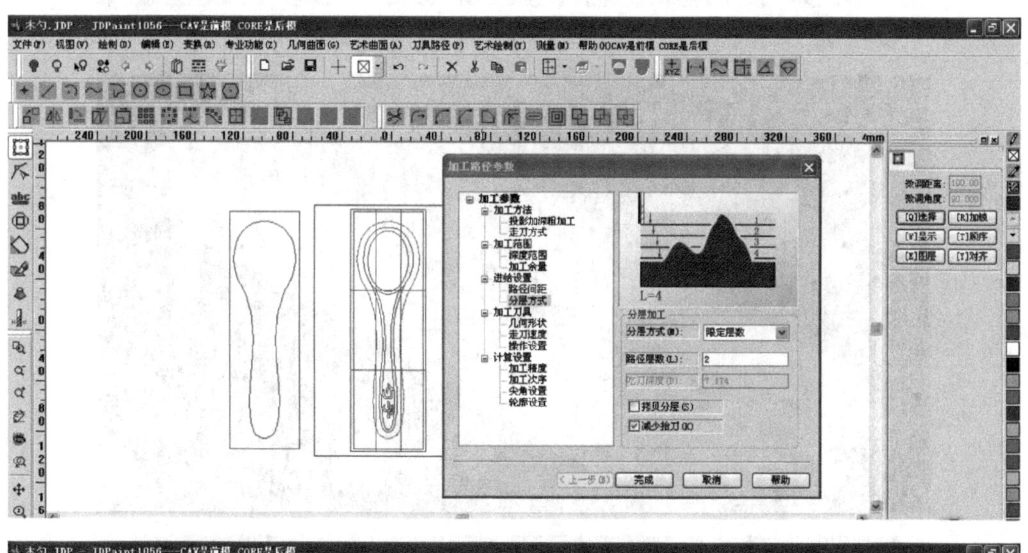
加工路径参数
加工参数
加工方法
走刀方式
加工范围
加工余量
进给设置
路径间距
分层方式
加工刀具
几何形状
走刀速度
操作设置
计算设置
加工精度
加工次序
尖角设置
轮廓设置
L=4
分层加工
分层方式
限定层数
路径层数
2
拷贝分层
减少抬刀
上一步
完成
取消
帮助

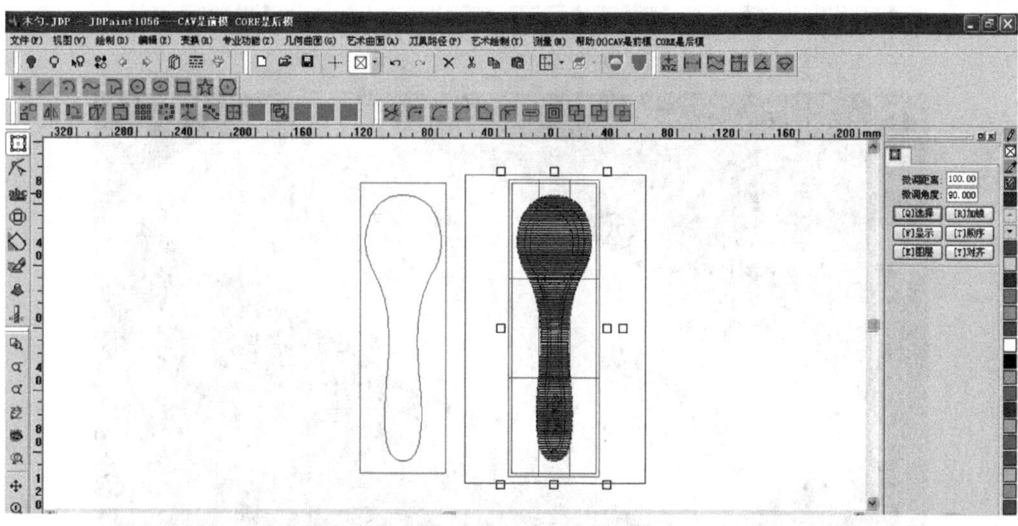

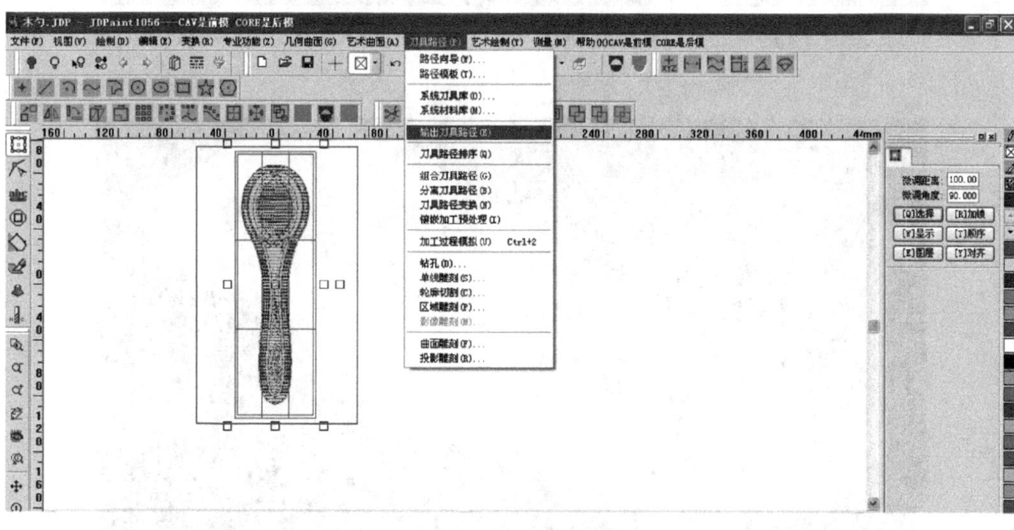
路径向导
路径模板
系统刀具库
系统材料库
输出刀具路径
刀具路径排序
组合刀具路径
分离刀具路径
刀具路径变换
镶嵌加工预处理
加工过程模拟　Ctrl+2
钻孔
单线雕刻
轮廓切割
区域雕刻
影像雕刻
曲面雕刻
投影雕刻

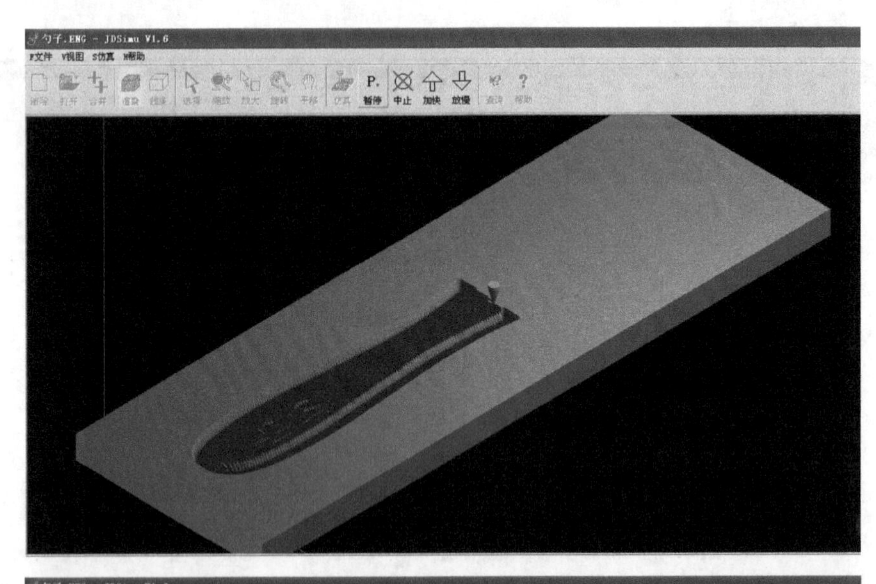
勺子.ENG - JDSimu V1.6
F文件 V视图 S仿真 H帮助
P.
暂停
中止
加快
放慢

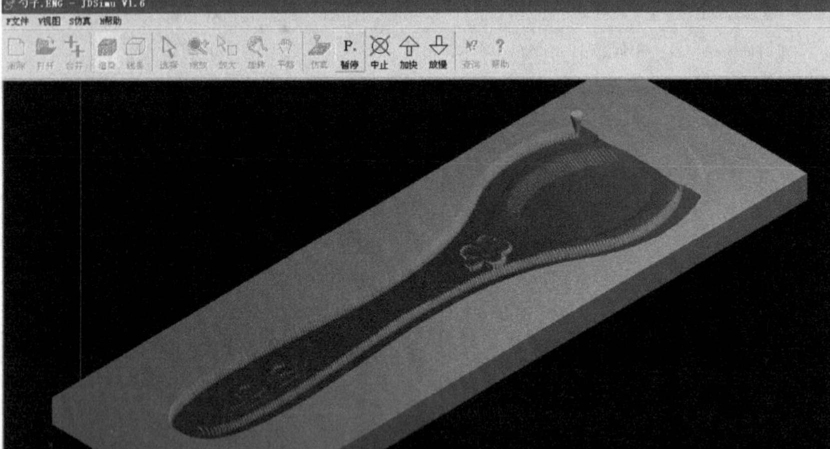
勺子.ENG - JDSimu V1.6
F文件 V视图 S仿真 H帮助
P.
暂停
中止
加快
放慢

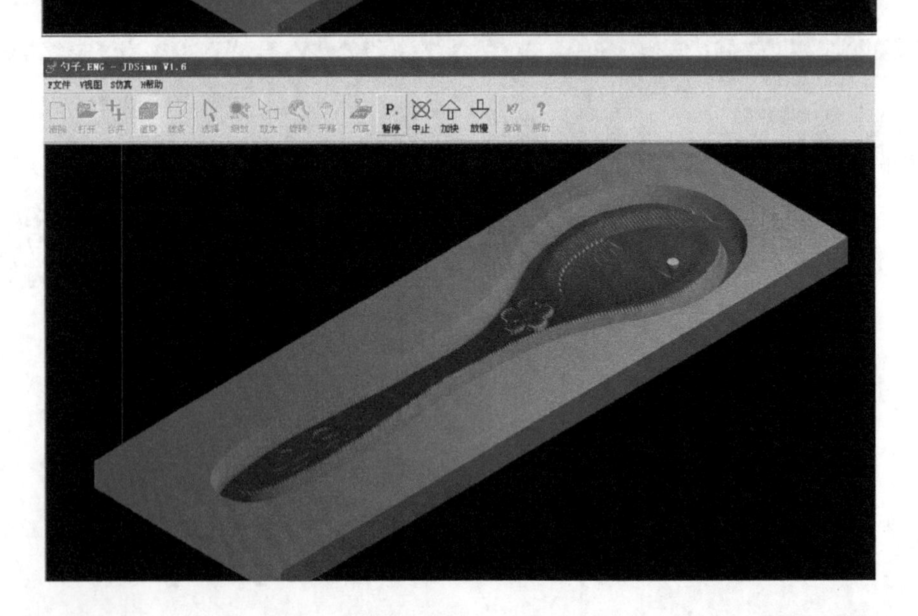
勺子.ENG - JDSimu V1.6
F文件 V视图 S仿真 H帮助
P.
暂停
中止
加快
放慢

模块六 数控雕刻设备操作

学习目标：

掌握数控雕刻设备的基本操作方法。

学习任务：

正确安全地使用数控雕刻设备进行作业雕刻加工。

精雕设计好雕刻图案，做好路径，接下来就是将路径复制到雕刻机的控制计算机进行真实雕刻，此过程需将木板固定在雕刻机工作台面上，雕刻工作起点对刀，雕刻机开机操作，过程监控木板是否脱落，雕刻结束卸板几个步骤。

雕刻机控制系统用的是维宏控制系统。维宏控制系统又名 NCStudio 数控系统，是上海维宏科技有限公司自主开发、自有版权的雕刻机运动控制系统，该系统可以直接支持 UG、MASTERCAM、CASMATE、ArtCAM、AUTOCAD、CorelDraw 等多种 CAD/CAM 软件生成的 G 代码、PLT 代码格式和精雕加工（ENG）格式。

NCStudio 基于 Microsoft Windows 操作系统，充分发挥 32 位计算和多任务的强大优势。同时，标准的 Windows 风格用户界面具有操作简便可靠、简单易学的优点。

该数控系统除具有手动、步进、自动和回机械原点功能外，还具有模拟仿真、动态显示跟踪、Z 轴自动对刀、断点记忆（程序跳段执行）和回转轴加工等特有的功能。

此环节操作者一定要注意心细，安全操作，听从老师指挥，认真做笔记和观察老师的示范，不可毛手毛脚，不可在实训车间打闹。木板的工作起点对刀是学习的重点。

所谓工作点即路径图在设备雕刻时对刀的起点。一般是路径的左下角，也有右下角、木板中心作为路径中心的情况，根据具体雕刻工件需要而定。

一、雕刻刀调换

根据作图时雕刻刀选择进行调换，一般情况下用锥度 30 度刀尖直径 0.4mm 的雕刻刀，如果雕刻刀断刀或刀钝了，也要进行调换。此过程需要有两把扳手进行操作。操作者在教师示范教导下有序练习。

二、雕刻刀研磨

雕刻刀在连续工作状态下，一般三个工作日就需研磨。研磨需用专门的雕刻刀研磨机。研磨可节约雕刻刀，延长雕刻刀使用寿命。操作者在教师示范下教导下有序练习。

三、装板件

将板件固定装在雕刻机工作台面。注意板件需加工平整，雕刻机工作台面平整无木屑

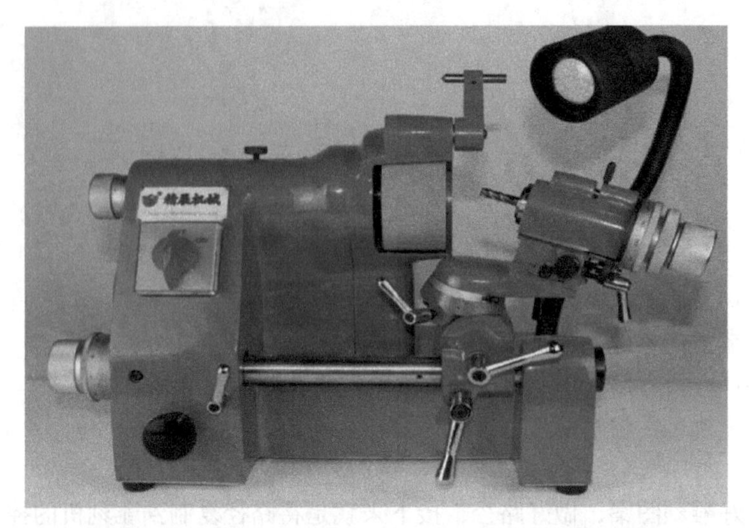

等杂物。视板件大小规格，可采用两种固定方式，一种是使用热熔胶进行固定，另一种是使用夹具进行固定，使用夹具固定时注意避免雕刻刀打到夹具。

四、对工作起点

这是学习的重点，也是操作者一定要细心谨慎的环节。对刀是雕刻加工中的主要操作和重要技能。在一定条件下，对刀的精度可以决定零件的加工精度，同时，对刀效率还直接影响雕刻加工效率。对刀的目的是建立工件坐标系，直观的说法是，对刀是确立工件在雕刻机工作台中的位置，实际上就是求对刀点在工作台坐标系中的坐标。对于雕刻机来说，在加工前首先要选择对刀点，对刀点是指用雕刻机加工工件时，刀具相对于工件运动的起点。

对刀时，在控制计算机上找到 Ncstudio 软件，双击打开

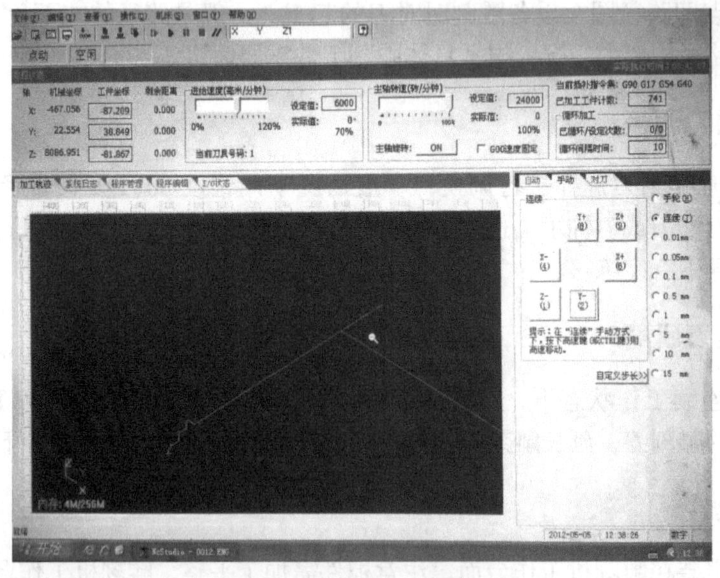

打开 Ncstudio 工作界面如上

三步对刀：

第一步，要知道刀具路径的起点在什么位置，是左下角对刀，还是中心对刀。

第二步，安装好刀具，打开雕刻控制软件，进行 X、Y、Z 三个方向手动控制雕刻刀头移动到工件的工作起点（路径设置的位置），（注意，要接近工件表面时，将点动调成 0.01mm），设置三轴清零，即设置好雕刻加工起点。

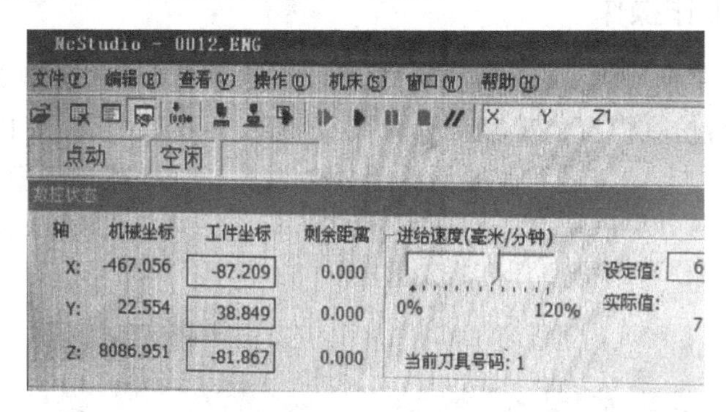

X、Y、Z 轴

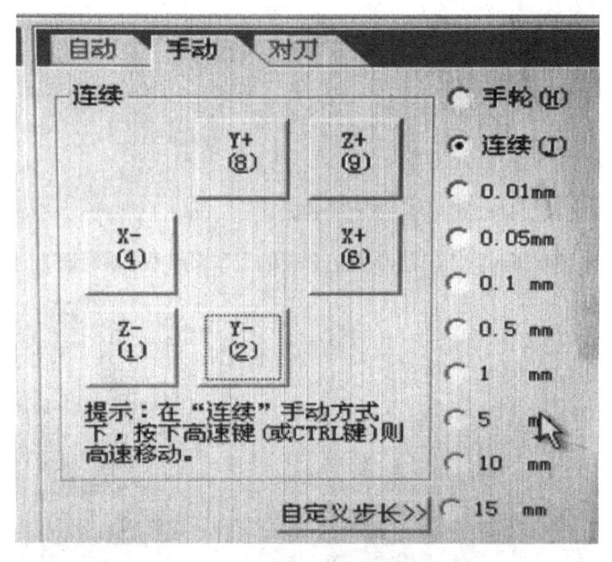

X、Y、Z 轴调整移动

通过雕刻控制电脑上数字小键盘上的相应键，可对机床进行手动移动。

6——X 轴正方向

4——X 轴负方向

8——Y 轴正方向

2——Y 轴负方向

9——Z 轴正方向

1——Z 轴负方向

第三步，载入做好的刀具路径，开始的时候慢一些（通过进给条控制），然后逐渐根据雕刻机的负载加快加工的速度，就可以等雕刻机完成加工了。

提示

操作快捷键：F7——回工件原点，F8——仿真开始 / 仿真中止，F9——快速启动，F10——雕刻暂停，F11——雕刻停止。

操作者可在教师示范下教导下有序练习。

五、雕刻机工作操作

对好雕刻刀，三轴清零，此时按 F7 键回工作原点。雕刻刀 Z 轴会自动提高 10mm，这时可按 F8 键进行仿真模拟，观察雕刻时间，做到心中有数，再按 F8 键取消模拟，按 F9 键启动雕刻刀，刚开始将进给速度调低至 20% 观察，如果雕刻平稳，工件没有脱落迹象，可在雕刻开始两分钟后调高进给速度至 60% 以上，视所雕刻的木材软硬程度而定。过程中注意观察，操作者不得离开机器太远。

移动雕刻机雕刻刀头靠近预设的工作起点（先快后慢）

仔细检查，微调刀头

六、卸板

待机器停止平稳后，将雕刻刀移动至安全位置，卸下雕刻好的板件，清理工作台面。等待下一工件雕刻。

模块七 雕刻件后期处理

学习目标：

掌握雕刻件后期处理流程。

学习任务：

进行作业表面精细刮磨、砂磨、修整等操作。

后期主要处理工作包括刮磨、砂磨、修整。

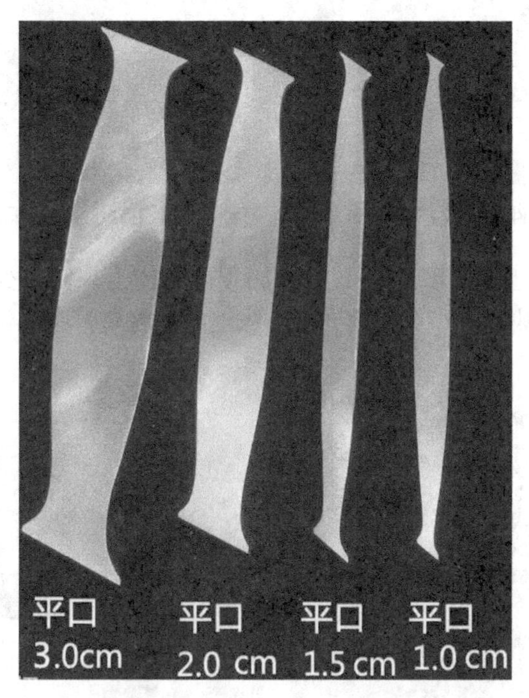

刮刀（不锈钢片，1~2mm，需开刃）

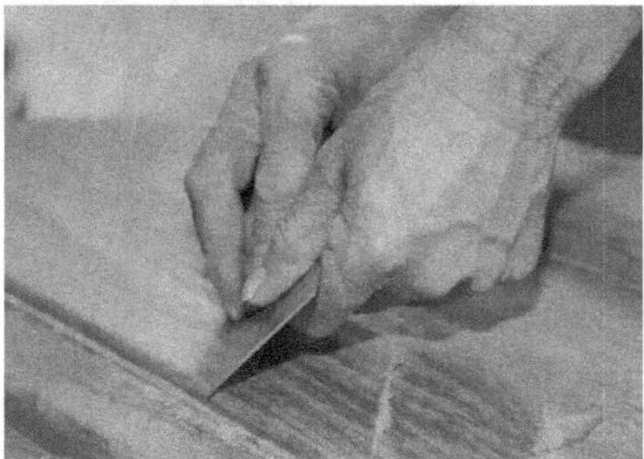

刮刀用法

将雕刻好工件取下，清除表面木屑杂质，开始打磨。

在用砂纸打磨过程中，视工件情况借用刮磨刀修整、502 胶水填补。

生产上，平整的大工件可以经过机械打磨机先进行粗磨（80 号、120 号砂纸）；对于小件雕刻件，需手工仔细细心打磨，按先粗后细顺序，视木材材质及个人对雕刻表面要求而定，一般按 180 号、240 号、320 号、400 号、600 号、800 号、1000 号、1200 号、1500 号等顺序打磨。注意从 400 号开始，要顺木纹方向进行打磨。磨到最细的砂纸，为使表面光滑透亮，可以用砂纸背面进行摩擦。

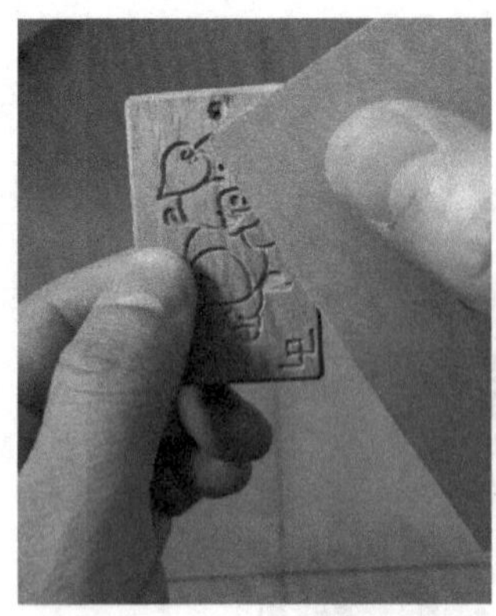

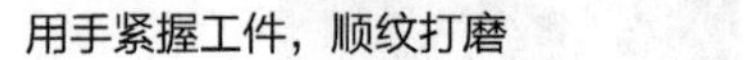

用手紧握工件，顺纹打磨　　各种型号手工砂纸（A4 规格）

注意，无论用什么型号砂纸，手工打磨必须做到用力来回不少于 30 次，同时要节约砂纸，将一张 A4 砂纸裁成 6 小张使用，每小张上的砂粒要打磨到没有为止。

打磨好的工件

设计做好挂绳

至此，课程学习结束。

参考文献

陈年，2014. 活于古典红木家具之上的中国文化符号——雕刻 [J]. 中国包装工业（8）.
陈年，2015. 提高红木材料利用率的方法 [J]. 家具（8）.
梁国飞，2007. 明清家具雕刻装饰文化 [J]. 艺术市场（7）.
王世襄，1985. 明式家具珍赏 [M]. 香港：三联书店香港分店 .
徐有明，2006. 木材学 [M]. 北京：中国林业出版社 .
余继明，2001. 中国明清红木家具图鉴 [M]. 杭州：浙江大学出版社 .

附录：部分雕刻作品

线雕刻

广告牌（材质：非洲花梨）

木材标本（材质：刺猬紫檀）

木材标本（材质：大果紫檀）

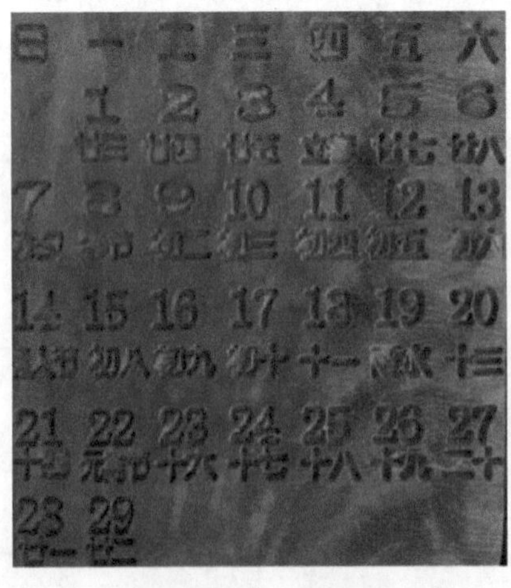

日历（材质：大果紫檀）

吉他（材质：大果紫檀）

印章（1）（材质：大果紫檀）

印章（2）（材质：东非黑黄檀）

印章（3）（材质：东非黑黄檀）

印章（4）（材质：大果黄檀）

杯垫（1）（材质：东非黑黄檀）

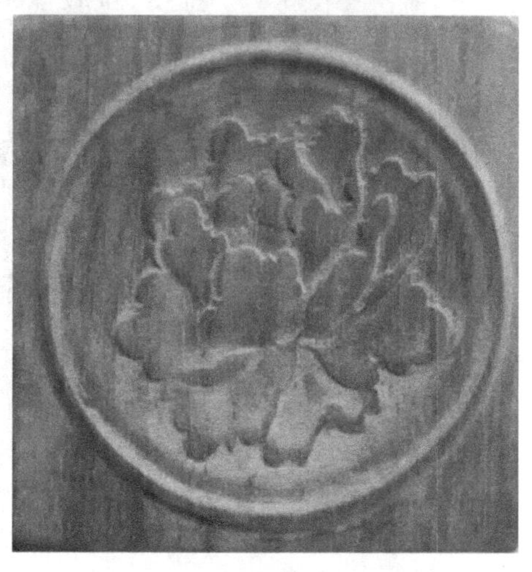

杯垫（2）（材质：大果黄檀）

十二生肖，雕刻小件（材质：东非黑黄檀）

红木家具上的雕刻

十件套卷书大沙发（材质：大果紫檀）

中式餐桌（材质：大果紫檀）

餐桌面雕刻图案

六件套吉祥如意大沙发（材质：大果紫檀）

书桌（材质：大果紫檀）

民间传统木质雕刻艺术作品

门、窗上构件